垃圾焚烧厂污染研究系列丛书

西南典型区域焚烧厂排放二噁英类污染物环境影响研究

伯 鑫 杨朝旭 贾瑜玲 田 飞 著

U0311530

中国环境出版集团·北京

图书在版编目（CIP）数据

西南典型区域焚烧厂排放二噁英类污染物环境影响研究/伯鑫等著. —北京：中国环境出版集团，2020.8
（垃圾焚烧厂污染研究系列丛书）
ISBN 978-7-5111-4384-6

Ⅰ. ①西… Ⅱ. ①伯… Ⅲ. ①垃圾发电—火电厂—二恶英—有机污染物—环境污染—研究—西南地区 Ⅳ. ①X705

中国版本图书馆 CIP 数据核字（2020）第 142684 号

出 版 人　武德凯
责任编辑　李兰兰
责任校对　任　丽
封面设计　宋　瑞

更多信息，请关注
中国环境出版集团
第一分社

出版发行　**中国环境出版集团**
　　　　　（100062　北京市东城区广渠门内大街 16 号）
　　　　　网　　址：http://www.cesp.com.cn
　　　　　电子邮箱：bjgl@cesp.com.cn
　　　　　联系电话：010-67112765（编辑管理部）
　　　　　　　　　　010-67112735（第一分社）
　　　　　发行热线：010-67125803，010-67113405（传真）
印　　刷　北京中献拓方科技发展有限公司
经　　销　各地新华书店
版　　次　2020 年 8 月第 1 版
印　　次　2020 年 8 月第 1 次印刷
开　　本　787×1092　1/16
印　　张　7　插页 8
字　　数　142 千字
定　　价　56.00 元

内容简介

本书选择我国西南典型区域为研究区域，自下而上建立垃圾焚烧厂二噁英类大气污染物排放清单，利用数值模型，模拟垃圾焚烧厂排放二噁英污染物的输送、沉降、富集土壤过程，为垃圾焚烧厂项目选址、监测优化布点、环境影响评价、污染预警、环境健康等提供技术支持。

本书总结了作者在排放清单、数值模型等方面的多年经验，结合例行监测数据、实地采样数据等，探讨了垃圾焚烧发电行业排放清单的编制方法，并以西南典型区域垃圾焚烧发电行业为案例，开展了二噁英类环境污染模拟及验证。

本书可作为高等院校环境科学、环境工程、环境管理等专业的教学参考书，也可作为固定污染源排放清单研究及相关工作的工具书，还可供垃圾焚烧厂、科研院所、环境管理部门的科技人员参考。

序　言

　　垃圾焚烧处理技术具有"减量化、资源化、无害化"的特点，已成为经济发达和土地资源短缺地区处置垃圾的优先选择。国家发展改革委和住房城乡建设部编制的《"十三五"全国城镇生活垃圾无害化处理设施建设规划》提出的目标之一是"到2020年年底，设市城市生活垃圾焚烧处理能力占无害化处理总能力的 50%以上，其中东部地区达到 60%以上"。

　　垃圾焚烧不仅会产生二氧化硫、氮氧化物、颗粒物等常量污染物，还会产生二噁英、重金属等微量有毒有害物质。垃圾焚烧目前或曾经是西方发达国家最大的二噁英排放源，也是我国重要的二噁英排放源之一。二噁英是典型的持久性有机污染物（POPs），是《关于持久性有机污染物的斯德哥尔摩公约》首批控制的 12 类污染物之一。作为该公约的首批签约国，我国的国家实施计划制定了减少和消除二噁英等无意产生 POPs 排放、加强 POPs 废物处置与减排技术开发等行动。

　　生态环境部环境工程评估中心在国家自然科学基金资助项目（71673107）、2018 年度四川省环境保护科技计划项目（2018HB22）、2019 年度四川省生态环境保护科技计划项目（2019HB12）等支持下，建立了西南地区垃圾焚烧厂二噁英排放清单，结合数值模型分析了西南地区垃圾焚烧厂排放二噁英对环境影响的范围，为垃圾焚烧厂环境管理决策提供了有力支撑。

　　本书是上述研究成果的总结，具有较强的专业性、实用性和创新性，可为垃圾焚烧厂选址、规划、设计、环评、监管等工作提供参考。

余刚

中国环境科学学会 POPs 专业委员会主任

清华大学环境学院教授

2020 年 5 月于清华园

前　言

　　焚烧法因其减量化和资源化的优势，逐渐成为我国垃圾处理的主要方法，但生活垃圾焚烧厂焚烧过程中产生的二噁英、重金属污染物等毒性强且具有生物累积性等特点。垃圾焚烧排放二噁英清单是持久性有机污染物（POPs）污染模拟、POPs减排、POPs履约等工作的重要基础数据之一。国内外研究者针对垃圾焚烧厂等排放二噁英、重金属污染物对环境的影响开展了大量研究，但垃圾焚烧厂二噁英排放清单、二噁英模拟预测及验证等相关研究较少。因此，建立区域乃至全国高分辨率垃圾焚烧发电行业排放清单模型，开展垃圾焚烧发电行业二噁英类大气污染物模拟以及验证等研究，这是二噁英环境影响研究亟须开展的工作。

　　针对上述关键问题，在2018年度四川省环境保护科技计划项目（2018HB22）、国家自然科学基金资助项目（71673107）、2019年度四川省生态环境保护科技计划项目（2019HB12）、生态环境部环境工程评估中心创新科研项目（2019-10）等支持下，在生态环境部环境工程评估中心领导的指导下，作者初步编制了2018年全国高分辨率垃圾焚烧排放清单（HIEC）、部分区域高分辨率垃圾焚烧排放清单等，提高了垃圾焚烧厂排放清单的空间分辨率和时间分辨率，减少了研究工作的不确定性，开展了部分省份（四川省、海南省等）垃圾焚烧厂环境影响模拟研究，为规划环评、"三线一单"等工作提供了基础数据和应用技术支持。

　　本书分为8章，主要内容包括：绪论、垃圾焚烧厂区域地理气象特征和社会经济概况、垃圾焚烧厂的污染源调查、典型城市垃圾焚烧厂二噁英和重金属监测结果及分析、西南典型区域垃圾焚烧二噁英排放清单、CALPUFF参数设置及模拟结果分析、其他危废及垃圾焚烧项目典型案例分析等。

　　本书主要基于作者完成的相关研究成果，其中包含了杨朝旭硕士学位论文的部分工作，杨朝旭、贾瑜玲、田飞等参与撰写，屈加豹、李厚宇、史梦雪、郭静等参与现场采样，由伯鑫策划并统稿。在垃圾焚烧二噁英排放清单编制过程和本书的撰写过程中，作者团队得到了四川省环境工程评估中心领导、专家的指导，得到了王刚高工、马根慧高工、陆勇高工、李英华教授、李时蓓研究员、徐海云研究员、刘文彬研究员、张金良研究员、赵秀阁研究员、刘爱民研究员、徐海红高工、吴家玉高工等许多专家的帮助，在此一并表示感谢！此外，对中国环境出版集团的支持和李兰兰编辑的悉心编审衷心致谢。

由于研究条件和作者能力所限，文中不当之处在所难免，敬请广大读者批评指正并提出宝贵意见。

伯 鑫

2020 年 2 月

目　录

第1章 绪 论

1.1 研究现状

1.1.1 我国城市垃圾处理现状

据《中国环境统计年鉴 2019》统计[1]，2018 年我国城市生活垃圾清运量约为 2.28 亿 t，生活垃圾无害化处理率达 99%；各类生活垃圾处理设施共计 1 091 座，其中填埋场 663 座、焚烧厂 331 座、其他处理设施 97 座；各类生活垃圾处理设施无害化处理量约为 2.26 亿 t/a，其中卫生填埋处理量约为 1.17 亿 t、焚烧处理量约为 1.02 亿 t、其他处理设施处理量约为 700 万 t。2018 年我国生活垃圾清运量统计分析的结果表明，填埋和焚烧处理比例分别占 51.32%和 44.30%，4.39%为堆肥和简易填埋处理。

近年来，我国审批的垃圾焚烧项目数量显著增加，2016 年至 2018 年 6 月生活垃圾焚烧处置环评数量约 120 个。目前国内垃圾焚烧厂源头控制主要采用"3T+1E"工艺，即控制炉温在 850℃以上，停留时间不少于 2 s，氧气浓度不少于 6%，合理控制助燃空气的风量、温度和注入位置，缩短烟气在处理和排放过程中处于 300～500℃温度域的时间，以防止二噁英重新生成；国内末端治理主要是通过"选择性非催化还原（SNCR）+ 脱酸工艺+活性炭吸附+布袋除尘器"的处理工艺，二噁英与重金属主要通过活性炭吸附，并采用布袋除尘器进行拦截以降低二噁英的排放量，最终污染物排放达到《生活垃圾焚烧污染控制标准》（GB 18485—2014）的标准（二噁英类污染物满足 0.1 ng I-TEQ/m³）。

垃圾焚烧厂长期运行在一定程度上会对环境造成污染，引起"邻避效应"，焚烧过程中产生的二噁英类污染物，具有毒性强、难降解的特点，社会关注度较高。本书旨在以西南典型区域为例，通过建立垃圾焚烧厂排放二噁英大气排放清单，运用数值模型模拟垃圾焚烧排放二噁英对大气、土壤环境的影响，并通过采样开展验证。

1.1.2　大气环境二噁英浓度现状

根据 2008—2015 年文献报道，统计出我国各地大气中二噁英浓度及毒性当量质量浓度（见表 1-1）。

表 1-1　文献报道中我国各地大气中二噁英浓度与二噁英毒性当量质量浓度

地区	浓度/（pg/m³）	毒性当量质量浓度/（pg I-TEQ/m³）	年份
沈阳	14.50	0.242	2015
北京	2.80	0.164	2012
上海	4.73	0.299	2010
杭州		0.340	2010
台州	26.76		2008
广州		0.680	2014
深圳	8.98	0.259	2012

由于我国尚未制定环境空气中二噁英评价标准，参照日本制定的相关环境空气质量标准，大气中二噁英年均浓度限值为 0.6 pg I-TEQ/m³（以下简称日本评价标准限值）。

由表 1-1 可知，沈阳（0.242 pg I-TEQ/m³）、北京（0.164 pg I-TEQ/m³）、上海（0.299 pg I-TEQ/m³）、杭州（0.340 pg I-TEQ/m³）、深圳（0.259 pg I-TEQ/m³）二噁英毒性当量质量浓度均低于日本评价标准限值，广州（0.680 pg I-TEQ/m³）略高于日本评价标准限值。

根据 2016—2018 年环评报告统计出西南典型区域各地市垃圾焚烧厂大气中二噁英毒性当量质量浓度及平均值（见表 1-2），西南典型区域各地市垃圾焚烧厂大气中二噁英毒性当量质量浓度和平均值均低于日本评价标准限值。

表 1-2　西南典型区域各地市二噁英毒性当量质量浓度和平均值　　单位：pg I-TEQ/m³

城市	质量浓度	平均值
绵阳	0.029～0.063	0.046 8
遂宁	0.034～0.17	0.102
眉山	0.086～0.096	0.091 7
宜宾	0.047～0.049	0.048
广元	$1.8×10^{-2}$～$4.7×10^{-2}$	0.029 8
泸州	0.093～0.12	0.104

1.1.3 生活垃圾焚烧厂二噁英排放现状

首批被管控的 12 种二噁英作为非故意产生类 POPs 被列入《关于持久性有机污染物的斯德哥尔摩公约》（简称《POPs 公约》）。2007 年 4 月，我国向《POPs 公约》秘书处递交了《中华人民共和国履约〈关于持久性有机污染物的斯德哥尔摩公约〉国家行动计划》（简称《国家行动计划》），其中给出了我国以 2004 年为基准年的二噁英排放清单。

我国二噁英排放清单见表 1-3。2004 年我国各类来源的二噁英排放总量为 10.2 kg I-TEQ（见表 1-3、表 1-4），其中向空气排放了 5.0 kg I-TEQ，向水体中排放了 0.041 kg I-TEQ，通过产品排放了 0.17 kg I-TEQ，通过残渣和飞灰等排放了 5.0 kg I-TEQ。在所有排放源中，钢铁和其他金属生产排放二噁英的量最大，占 45.6%，其次是发电和供热，第三是废弃物焚烧，这三类源排放量合计占到了总排放量的 81%。

表 1-3 2004 年我国二噁英排放清单

项目	年排放量/g				
	大气	水	产品	土地	总量
废弃物焚烧	610.50	0	0	1 147.10	1 757.60
钢铁和其他金属生产	2 486.20	13.50	0	2 167.20	4 666.90
发电和供热	1 304.40	0	0	588.10	1 892.50
矿物产品生产	413.60	0	0	0	413.60
交通	119.70	0	0	0	119.70
非受控燃烧	63.50	0	0	953.20	1 016.70
化学品及消费品生产和使用	0.68	23.16	174.39	68.90	267.13
废弃物处置和填埋	0	4.50	0	43.20	47.70
其他来源	4 420	0	0	11.00	55.20
总计	5 042.78	41.16	174.39	4 978.70	10 237.03

表 1-4 2001—2005 年 27 个国家与我国的二噁英排放清单[2]

国家	大气年排放量/g	年总排放量/g	基准年
保加利亚	255.00		2003
苏丹	375.60	991.60	2005
坦桑尼亚	516.70	946.60	2004
突尼斯	139.50	208.80	2004
萨摩亚群岛	1.10	1.40	2004
圣多美和普林西比		53.00	2005

国家	大气年排放量/g	年总排放量/g	基准年
塞内加尔	147.30	269.80	2005
捷克	179.00		2001
法国	380.00		2002
日本	372.00		2003
阿根廷	874.00	2 111.00	2001
澳大利亚	495.00	800.00	2002
文莱	0.75	1.40	2001
柬埔寨	273.00	607.00	2004
智利	51.90	85.60	2002
克罗地亚	116.00	168.00	2001
厄瓜多尔	65.50	98.50	2002
约旦	64.30	81.60	2003
拉脱维亚	8.10	18.00	2005
黎巴嫩	79.00	165.80	2004
毛里求斯	16.50	26.50	2003
巴拉圭	70.70	156.00	2002
塞舌尔	4.10	5.40	2003
斯里兰卡	172.00	257.00	2002
泰国	286.00	1 070.00	2003
乌拉圭	18.70	48.50	2003
赞比亚	290.00	483.00	2004
中国大陆	5 042.78	10 237.03	2004

1.1.4 采用模型预测二噁英影响研究

数值模拟是研究大气中二噁英类污染物比较新的方法，国内外一些学者，利用不同的空气质量模型对环境介质中的二噁英展开研究。刘淑芬等[3]和齐丽等[4]均利用 Level III 逸度模型分别研究了我国和北京地区环境介质中二噁英的平均浓度水平和迁移规律。刘帅等[5]和李煜婷等[6]利用 AERMOD 模型模拟了北京生活垃圾焚烧厂排放的二噁英在大气中的扩散迁移情况。王奇[7]利用 AERMOD 模型和混合库模型，模拟了危险废物焚烧厂二噁英的大气扩散行为，并计算了由危险废物焚烧厂烟气排放引起的周边土壤二噁英的浓度分布。张珏等[8]为了适应二噁英的物化特性，在输送模式（CMAQ）物理化学模块的基础上增加了气相—颗粒相间分配机制，模拟了长江三角洲地区二噁英在大气中的输送、转化和沉降等演变过程。孙博飞等[9]利用 CALPUFF 数值模型研究了河北某钢铁厂烧结机烟气排放对土壤中二噁英浓度的影响。

而基于复杂地形（成渝等西南地区）的二噁英扩散影响研究较少，干超[10]等为了对点源排放的固相颗粒物上二噁英的大气扩散规律进行认识，使用 AERMOD 模型，选择处于复杂地形的杭州某危险废物处置设施为研究对象，人为设置一系列风速、风向的气象参数来探究二噁英的扩散规律，缺乏真实气象条件下的二噁英污染物扩散的代表性。

我国焚烧类项目排放二噁英的大气、土壤研究存在两大问题：①目前国内外模拟二噁英污染研究主要以 ISCST3、AERMOD 为主（AERMOD 是在 ISCST3 框架基础上建立的），但是 AERMOD 只能输入单点地面气象站和单点高空站点气象数据，不能详尽反映复杂地形区域的气象情况，直接影响污染物扩散模拟。②根据《环境影响评价技术导则　土壤环境（试行）》（HJ 964—2018）与《关于进一步加强生物质发电项目环境影响评价管理工作的通知》（环发〔2008〕82 号）的现行要求，二噁英类涉及大气沉降的环境质量现状监测，需在主导风向敏感处设置土壤环境监测点，但是在复杂地形-复杂气象场条件下土壤中二噁英沉降往往不沿风向分布，所以应采用模型手段优化土壤监测布点。

1.2　研究目标与意义

随着人们对环境保护及自身健康的日益重视和关注，部分公众对焚烧厂建设产生了较大的抵触心理，焚烧发电项目建设遇到了前所未有的阻力。目前，垃圾焚烧处理仍是解决"垃圾围城"最有效的手段。要推广垃圾焚烧处理技术，我们就不能回避二噁英问题，因此采用现代化的焚烧污染物净化系统，对焚烧炉二次污染物（特别是二噁英）的排放实施更加严格的控制，最大限度地降低垃圾焚烧炉对环境和人类健康的潜在危害，是现在推广和建设先进的大型垃圾焚烧炉的努力方向。

我国垃圾焚烧行业近几年取得快速发展，垃圾焚烧过程中产生的二噁英主要通过飞灰和烟气排放对周边环境产生污染，飞灰一般采用固化工艺处理后进入生活垃圾填埋场进行填埋，处置途径与环境影响相对单一；烟气因区域社会条件、气象与地形特点，其影响范围存在不确定性：①因地区生活水平与习惯差异，生活垃圾组分各不相同，最终影响污染物产生与排放浓度，污染物排放量存在不确定性；②在复杂地形-复杂气象场条件下，烟气扩散往往存在不确定性，这直接影响着污染物对周围环境实际影响的判断。目前，我国还缺少量化垃圾焚烧厂二噁英排放清单与对环境的实际影响。

本书旨在通过自下而上的方式建立西南典型区域垃圾焚烧厂二噁英类大气污染物排放清单，利用模型模拟垃圾焚烧厂排放二噁英污染物的输送、沉降与富集土壤过程。通过本次研究，不仅能够建立典型垃圾焚烧厂二噁英类大气污染物排放清单模型，从而为垃圾焚烧厂项目选址、优化布点、环境影响评价、预警应急体系及疾病防控等提供技术支持，还可为开展垃圾焚烧发电排放二噁英的控制、保护生态环境提供参考。

1.3 总体思路

2010 年之前，我国普遍采用的生活垃圾处置工艺为卫生填埋，该工艺占用大量土地，并且垃圾中有害物质会以渗滤液形式污染地下水，由此带来的二次污染难以恢复。随着近年来我国经济飞速发展，居民生活水平不断提高，人均垃圾日产量与收集量不断增加，垃圾单位热值不断提升，原有生活垃圾卫生填埋工艺不能满足社会发展需要。在此前提下，全国生活垃圾处置开始推行焚烧处置工艺，各地纷纷建设生活垃圾焚烧厂。用焚烧方式处理生活垃圾，不仅可以节约用于填埋的土地资源，有效控制二次污染，而且可以综合利用，回收能源用于发电、供热，实现废物综合利用、变废为宝的目标。

但是垃圾焚烧在一定程度上会对环境造成污染，由此造成的"邻避效应"愈发明显，尤其是焚烧过程中产生的二噁英类污染物，其具有毒性强、难降解的特点，社会关注度较高。虽然企业已通过一系列措施来控制二噁英类污染物的产排情况，但鉴于二噁英成分复杂，并不能做到实时在线监测，现有烟道污染物例行监测只能得到某天排放的特定值，不能稳定反映垃圾焚烧行业的长期实际排放值。垃圾焚烧项目的环境影响评价将烟道二噁英排放设定的标准值或已运行项目例行监测的最大值作为排放源强，不具备垃圾焚烧项目污染物长期排放的代表性。为探索生活垃圾焚烧对人群健康的实际影响，需制订符合不同区域生活垃圾焚烧行业的二噁英排放清单，然后通过模型来预测垃圾焚烧行业对周围环境的影响。

1.4 研究内容与技术路线

1.4.1 研究内容

（1）西南典型区域垃圾焚烧厂二噁英类大气污染物排放清单模型研究

采用排放因子方法，建立活动水平库、排放因子库，完成西南典型区域垃圾焚烧厂二噁英类大气污染物计算，自下而上建立西南典型区域二噁英类大气污染物排放清单模型。

（2）西南典型区域垃圾焚烧厂排放大气二噁英类污染物输送沉降研究

扩散模型选择 CALPUFF，利用排放清单数据、背景气象场数据，模拟垃圾焚烧厂排放大气二噁英类污染物的输送、沉降、富集土壤过程，分析排放二噁英类污染物在大气及土壤环境中的浓度空间分布特征。基于西南典型区域二噁英土壤监测点数据，验证垃圾焚烧厂排放气态二噁英类污染物沉降到土壤的模拟结果。

1.4.2　研究方法

主要采用文献与现有资料查阅、现状监测、综合分析和数值模拟等研究方法。

（1）文献与现有资料查阅

查阅美国、欧盟、日本等地区以及国内垃圾焚烧二噁英浓度排放水平、排放标准、排放清单；调研我国西南典型区域垃圾焚烧处理现状、二噁英浓度排放水平，主要通过收集运行中的生活垃圾焚烧厂的二噁英例行监测数据与监督例行监测数据；查阅相关文献、模型验证方法。

（2）现状监测

土壤中沉降的二噁英以现场监测为主；烟道与环境空气中的二噁英以搜集企业例行监测数据为主，现场监测为辅。

（3）综合分析

将搜集整理的文献与监测数据进行对比分析，主要针对国内外垃圾焚烧二噁英排放清单的建立方法及结果进行分析，对清单中所使用的活动水平数据及排放因子数据进行整理分析，确定垃圾焚烧行业二噁英排放清单。

（4）数值模拟

将建立的二噁英排放清单导入空气质量模型 CALPUFF 中，采用数值模拟的方法对土壤、大气环境影响进行模拟，对区域土壤沉降量及空气质量影响进行定量分析。

1.4.3　技术路线

本书以西南典型区域的生活垃圾焚烧厂为例，研究其二噁英排放对周边环境的影响，具体流程见图 1-1。

（1）搜集西南典型区域的垃圾焚烧项目相关环境影响报告，给出已运行的生活垃圾焚烧厂二噁英类大气污染物排放初步清单。

（2）根据初步的污染物排放清单，采用 CALPUFF 模型预测垃圾焚烧产生的二噁英类污染物的影响范围，得到污染物的最大落地浓度，干沉降与湿沉降叠加后的最大沉降区域，根据计算结果设置二噁英的监测点，安排监测计划。

（3）根据监测结果、收集的相关资料与预测结果，对污染源清单与模型进行矫正，自下而上建立与实际污染物排放更为吻合的污染源清单模型，即西南典型区域垃圾焚烧厂二噁英类大气污染物排放清单。

（4）利用二噁英类大气污染物排放清单，模拟垃圾焚烧厂排放大气二噁英类污染物的输送、沉降与富集土壤过程，通过代表性企业周围土壤中二噁英的沉积量，研究企业污染物排放与土壤环境质量改变之间的关系。根据排放清单，通过模型预测得到环境中污染物浓度，开展模拟结果验证。

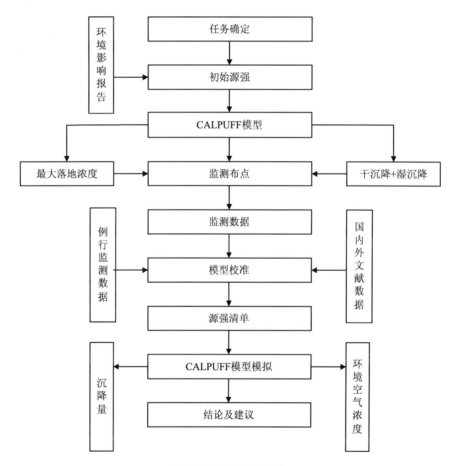

图 1-1　研究技术路线

第 2 章　垃圾焚烧厂区域地理气象特征和社会经济概况

2.1　垃圾焚烧厂区域地理特征

2.1.1　成都地区地理特征

成都市地处四川盆地西部边缘，地势由西北向东南倾斜；西部属于四川盆地边缘地区，以深丘和山地为主，海拔大多在 1 000～3 000 m。成都市由于巨大的垂直高差，在市域内形成了 1/3 平原、1/3 丘陵、1/3 高山的独特地貌类型（见图 2-1 至图 2-3）。

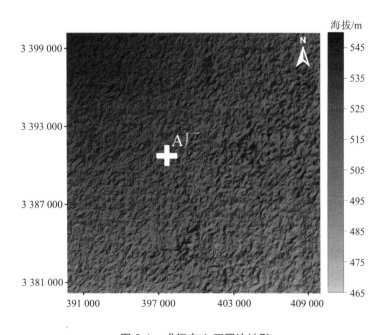

图 2-1　成都市 A 厂周边地形

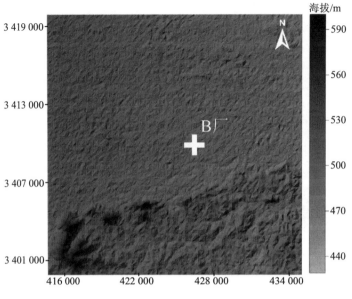

图 2-2　成都市 B 厂周边地形

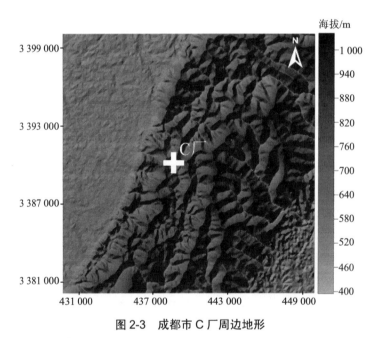

图 2-3　成都市 C 厂周边地形

2.1.2　南充市 D 厂周边地理特征

南充市 D 厂位于南充市南部地区，场地以丘陵为主，项目距市中心约 20 km（见图 2-4）。南充市地处四川盆地东北部，属四川盆地北部边缘山区和川中丘陵的交界地带，海拔 256～889 m，市区海拔 274.5 m 左右。

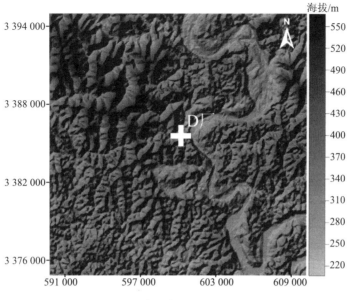

图 2-4　南充市 D 厂周边地形

2.1.3　达州市 E 厂周边地理特征

达州市 E 厂位于达州市西部地区，项目距市中心约 3.5 km，场地以盆地、丘陵为主（见图 2-5）。达州市地势东北高、西南低，最高处海拔 2 458.3 m，最低处海拔 222 m。

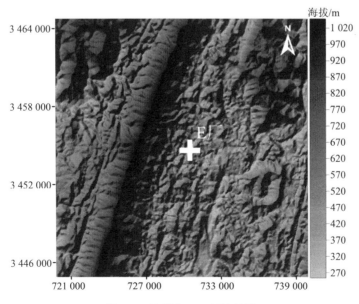

图 2-5　达州市 E 厂周边地形

2.1.4　广元市 F 厂周边地理特征

广元市 F 厂位于广元市西南部地区，距广元市城市规划的边缘约 6.5 km（见图 2-6）。广元市地势东部高，北部次之，西南低，呈梯级向西南延伸，形成东部高原区、北部大山区、西南浅丘、河谷、中山区交错的特殊地貌。

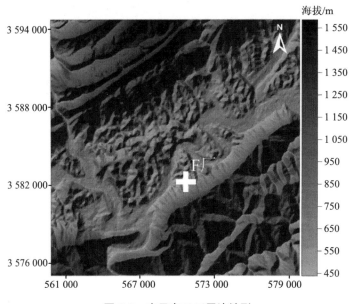

图 2-6　广元市 F 厂周边地形

2.1.5　宜宾市 G 厂周边地理特征

宜宾市 G 厂位于宜宾市西南部的丘陵地带，厂区三面环山，北面为宜长公路和和尚溪水系，场地内主要由 2 个山丘包和 1 个丘间沟谷组成，自然地面高程 284.3～334.5 m，地形起伏较大（见图 2-7）。

2.1.6　广安市 H 厂周边地理特征

广安市 H 厂位于广安市西南部地区，在广安市垃圾处理厂西面的预留地内，东北距广安市 18 km（见图 2-8）。广安市地形呈扇形分布于川东丘陵与平行岭谷两大地形区之间，纵贯于东南部的华蓥山脉将广安市分为两大地貌单元。

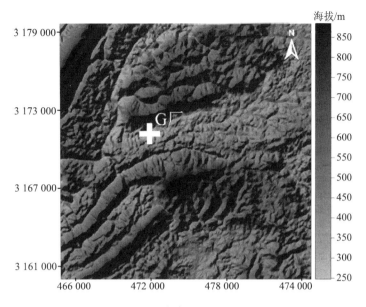

图 2-7　宜宾市 G 厂周边地形

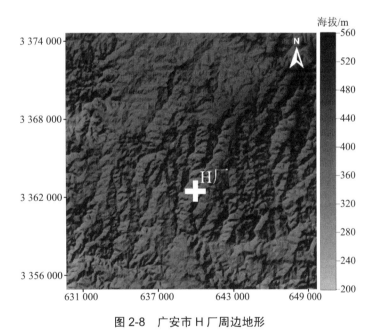

图 2-8　广安市 H 厂周边地形

2.1.7　遂宁市 I 厂周边地理特征

遂宁市 I 厂位于遂宁市南部地区，遂宁市属四川盆地中部丘陵低山地区，地质构造简单，褶皱平缓（见图 2-9）。地貌类型单一，市域地貌以丘陵为主。

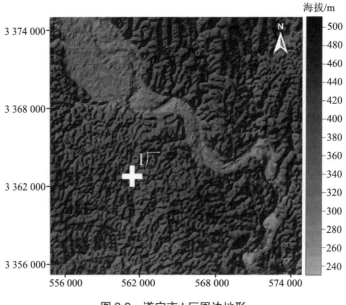

图 2-9　遂宁市 I 厂周边地形

2.1.8　泸州市 J 厂周边地理特征

泸州市 J 厂位于泸州市南部地区，泸州市南部连接云贵高原，属大娄山北麓，为低中山区（见图 2-10）。场地区域地貌属于低山地貌，海拔一般超过 500 m。

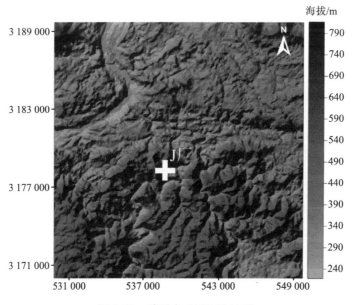

图 2-10　泸州市 J 厂周边地形

2.1.9　西昌市 K 厂周边地理特征

西昌市 K 厂位于西昌市西部地区，安宁河西岸，项目距西昌市 12 km，地势以丘陵、山地为主，地形起伏较大（见图 2-11）。

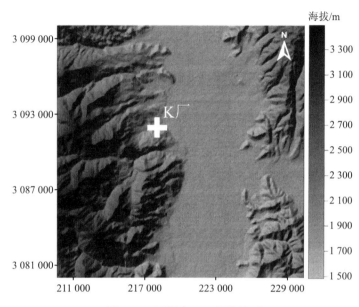

图 2-11　西昌市 K 厂周边地形

2.1.10　巴中市 L 厂周边地理特征

巴中市 L 厂位于巴中市西南部地区，东北距巴中市 9 km（见图 2-12）。巴中市属典型的盆周山区，地势北高南低，由北向南倾斜。

2.1.11　眉山市 M 厂周边地理特征

眉山市 M 厂位于眉山市西北部地区，处于岷江流域三级阶地，属平坝区，区内地形起伏不大，总体地势西北高、东南低，海拔 505～530 m（见图 2-13）。

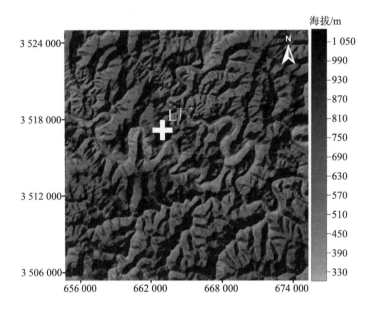

图 2-12　巴中市 L 厂周边地形

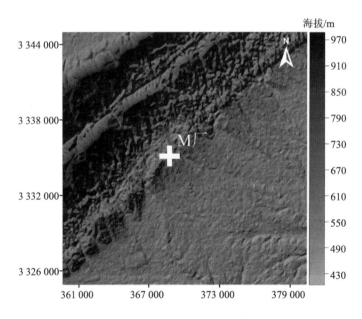

图 2-13　眉山市 M 厂周边地形

2.1.12　绵阳市 N 厂周边地理特征

绵阳市 N 厂位于绵阳市南部地区，厂址位于山腰上，地势总体上西高东低，北距绵阳城区建成区约 21 km（见图 2-14）。

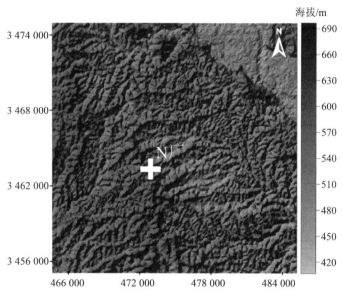

图 2-14　绵阳市 N 厂周边地形

2.2　垃圾焚烧厂区域气象特征

2.2.1　成都城区地面气象资料

2.2.1.1　成都市地面气象资料

收集成都市气象站 2016 年全年逐日逐时气象数据，地面气象数据项目包括：风向、风速、气压、相对湿度和干球温度。根据数据统计分析出本区的每月平均温度的变化情况、月平均风速随月份的变化、季小时平均风速的日变化，以及每月、四季及长期平均各风向风频变化情况和年主导风向。

（1）温度

所处地区长期地面气象资料中每月平均温度的变化情况见表2-1。

表2-1 年平均温度的月变化

月份	1月	2月	3月	4月	5月	6月	7月	8月	9月	10月	11月	12月
温度/℃	5.84	7.77	13.55	17.93	20.97	24.82	26.00	26.64	21.70	17.71	11.96	8.68

（2）风速

所处地区长期地面气象资料中每月平均风速随月份的变化情况见表2-2；四季每小时的平均风速变化情况见表2-3。

表2-2 年平均风速的月变化

月份	1月	2月	3月	4月	5月	6月	7月	8月	9月	10月	11月	12月
风速/（m/s）	1.29	1.24	1.43	1.38	1.53	1.34	1.42	1.34	1.25	1.24	1.05	1.15

表2-3 季小时平均风速的日变化   单位：m/s

时间	1:00	2:00	3:00	4:00	5:00	6:00	7:00	8:00	9:00	10:00	11:00	12:00
春季	2.03	1.83	1.89	1.82	1.77	1.75	1.75	2.00	2.31	2.71	2.86	2.94
夏季	1.91	1.70	1.58	1.48	1.45	1.37	1.49	1.71	1.98	1.95	2.17	2.24
秋季	1.54	1.46	1.45	1.35	1.36	1.27	1.22	1.31	1.51	1.88	2.13	2.36
冬季	1.85	1.72	1.64	1.70	1.54	1.54	1.49	1.62	1.76	2.15	2.35	2.47
时间	13:00	14:00	15:00	16:00	17:00	18:00	19:00	20:00	21:00	22:00	23:00	24:00
春季	3.08	3.17	3.37	3.38	3.41	2.97	2.56	2.25	2.34	2.28	2.33	2.06
夏季	2.26	2.39	2.49	2.53	2.50	2.26	2.03	1.92	1.99	2.13	2.07	1.99
秋季	2.34	2.36	2.30	2.19	1.93	1.76	1.71	1.87	1.70	1.74	1.62	1.55
冬季	2.52	2.68	2.69	2.52	2.15	1.90	2.10	2.06	2.11	1.96	2.00	1.96

（3）风向风频

根据成都市气象站2016年连续一年逐日逐次的地面常规气象观测资料，统计分析出本区四季及全年地面风向频率（见表2-4）。

表 2-4　年均风频及其月变化和季变化　　　　　　　　　单位：%

风向	N	NNE	NE	ENE	E	ESE	SE	SSE	S	SSW	SW	WSW	W	WNW	NW	NNW	C
1 月	8.47	11.90	14.78	2.55	4.03	3.49	2.69	2.96	4.30	3.36	3.90	2.69	6.45	10.08	8.87	7.12	2.28
2 月	9.77	8.19	10.78	5.46	4.17	2.73	3.45	3.30	3.74	3.45	5.46	4.31	8.76	9.20	7.61	7.90	1.72
3 月	8.33	14.90	14.38	2.55	3.49	2.15	2.28	4.17	2.82	3.49	3.09	4.57	5.38	9.95	9.01	8.33	1.08
4 月	9.72	8.61	5.42	4.44	3.19	2.50	3.75	4.31	5.00	6.39	5.69	6.53	7.92	8.89	8.89	8.06	0.69
5 月	11.02	13.00	8.06	5.11	2.42	2.82	4.03	3.76	5.91	4.57	3.36	4.30	6.05	8.47	9.68	6.32	1.08
6 月	10.10	7.50	6.81	1.81	2.36	3.33	4.03	5.42	7.64	8.89	5.14	6.81	5.97	10.00	6.39	6.11	1.67
7 月	11.20	10.20	8.74	2.69	3.36	2.15	2.42	3.63	5.51	4.17	1.88	3.90	8.47	10.89	11.96	7.93	0.81
8 月	8.20	6.59	7.26	2.69	3.49	2.96	3.49	4.97	5.78	4.97	3.09	4.84	7.66	11.69	13.44	8.06	0.81
9 月	10.20	6.53	5.56	3.33	2.36	3.75	2.92	3.75	5.00	5.69	4.86	7.08	9.31	10.28	9.44	8.33	1.53
10 月	12.30	12.90	14.78	5.11	3.23	3.49	3.36	3.09	3.09	2.15	1.88	3.63	4.44	8.60	8.33	5.65	3.90
11 月	11.53	9.58	10.69	5.56	2.92	2.64	4.44	4.03	4.31	3.61	1.81	4.03	7.08	9.17	7.22	6.81	4.58
12 月	9.95	13.17	11.29	3.49	2.02	4.57	2.69	2.96	4.70	2.02	2.15	4.17	7.26	9.68	8.33	8.33	3.23
春季	10.09	10.30	9.90	3.72	3.09	3.05	3.29	3.86	4.82	4.38	3.51	4.72	7.05	9.74	9.12	7.41	1.95
夏季	9.69	12.23	9.33	4.03	3.03	2.49	3.35	4.08	4.57	4.80	4.03	5.12	6.43	9.10	9.19	7.56	0.95
秋季	9.87	8.11	7.61	2.40	3.08	2.81	3.31	4.66	6.30	5.98	3.35	5.16	7.38	10.87	10.64	7.38	1.09
冬季	11.40	9.71	10.39	4.67	2.84	3.30	3.57	3.62	4.12	3.80	2.84	4.90	6.91	9.34	8.33	6.91	3.34
全年	9.39	11.17	12.32	3.80	3.39	3.62	2.93	3.07	4.26	2.93	3.80	3.71	7.46	9.66	8.29	7.78	2.43

2.2.1.2　蒲江县地面气象资料

收集蒲江县气象站 2016 年全年逐日逐时气象数据，地面气象数据项目包括：风向、风速、气压、相对湿度和干球温度。根据数据统计分析出本区的每月平均温度的变化情况、月平均风速随月份的变化、季小时平均风速的日变化，以及每月、四季及长期平均各风向风频变化情况和年主导风向。

（1）温度

所处地区长期地面气象资料中每月平均温度的变化情况见表 2-5。

表 2-5　年平均温度的月变化

月份	1 月	2 月	3 月	4 月	5 月	6 月	7 月	8 月	9 月	10 月	11 月	12 月
温度/℃	3.80	5.54	8.81	14.14	20.32	23.50	24.62	25.59	19.01	15.83	10.91	6.12

（2）风速

所处地区长期地面气象资料中每月平均风速随月份的变化情况见表 2-6；四季每小时的平均风速变化情况见表 2-7。

表 2-6　年平均风速的月变化

月份	1 月	2 月	3 月	4 月	5 月	6 月	7 月	8 月	9 月	10 月	11 月	12 月
风速/（m/s）	2.88	2.99	3.05	2.89	2.33	2.51	2.07	2.26	2.14	2.22	2.49	2.58

表 2-7　季小时平均风速的日变化　　　　　　　　　　单位：m/s

时间	1:00	2:00	3:00	4:00	5:00	6:00	7:00	8:00	9:00	10:00	11:00	12:00
春季	2.40	2.36	2.31	2.26	2.25	2.42	2.65	2.87	2.99	3.16	3.34	3.34
夏季	1.59	1.55	1.53	1.51	1.48	1.82	2.32	2.56	2.77	2.97	3.14	3.14
秋季	1.82	1.83	1.91	1.88	1.93	2.14	2.33	2.64	2.88	2.89	2.96	2.98
冬季	2.54	2.54	2.49	2.53	2.54	2.60	2.58	2.80	2.96	3.19	3.27	3.27
时间	13:00	14:00	15:00	16:00	17:00	18:00	19:00	20:00	21:00	22:00	23:00	24:00
春季	3.52	3.41	3.38	3.21	3.03	2.64	2.45	2.38	2.39	2.44	2.48	2.51
夏季	3.16	3.21	3.03	2.81	2.69	2.34	2.00	1.94	1.88	1.80	1.85	1.64
秋季	2.88	2.75	2.70	2.63	2.24	1.99	2.00	1.91	1.89	1.89	1.87	1.86
冬季	3.38	3.29	3.27	3.01	2.77	2.56	2.63	2.64	2.62	2.63	2.64	2.65

（3）风向风频

根据蒲江县气象站 2016 年连续一年逐日逐次的地面常规气象观测资料，统计分析出本区四季及全年地面风向频率（见表 2-8）。

表 2-8　年均风频及其月变化和季变化　　　　　　　　单位：%

风向	N	NNE	NE	ENE	E	ESE	SE	SSE	S	SSW	SW	WSW	W	WNW	NW	NNW	C
1 月	4.64	4.64	4.30	3.29	3.56	2.82	3.76	4.97	11.36	17.07	11.90	6.05	8.74	4.44	3.70	3.43	1.34
2 月	3.58	3.80	7.53	4.31	6.51	3.51	3.58	4.02	9.36	16.89	11.04	5.63	9.58	5.19	2.34	2.27	0.88
3 月	3.70	5.24	3.83	3.90	5.91	5.78	4.44	2.62	11.96	16.73	8.87	3.29	6.52	6.79	5.65	3.56	1.21
4 月	5.21	5.83	5.83	5.14	7.43	3.19	2.64	4.72	10.21	16.04	9.86	4.10	5.00	4.44	5.35	3.96	1.04
5 月	5.24	4.70	5.78	4.50	5.78	4.70	3.43	4.44	9.27	16.67	11.42	4.44	3.97	4.10	5.11	3.56	2.89
6 月	2.64	2.36	3.54	4.58	5.76	2.71	3.19	4.17	14.38	18.33	13.96	7.29	5.83	3.13	2.85	2.36	2.92
7 月	4.57	3.36	3.49	4.23	6.38	4.97	3.23	4.64	12.90	19.35	9.48	5.38	5.24	2.35	2.28	3.63	4.50
8 月	4.91	3.23	3.49	5.17	4.91	3.83	2.89	3.29	13.24	19.83	13.04	6.38	4.97	2.28	1.41	2.28	4.84
9 月	7.29	4.38	5.63	4.44	5.56	3.40	2.85	3.19	12.29	17.57	9.24	4.72	4.65	2.50	2.78	3.61	5.90

风向	N	NNE	NE	ENE	E	ESE	SE	SSE	S	SSW	SW	WSW	W	WNW	NW	NNW	C
10 月	7.86	4.77	4.37	4.50	4.10	2.82	3.63	3.56	12.23	16.20	11.63	5.78	3.63	2.42	3.90	3.83	4.77
11 月	4.24	2.64	3.61	2.78	3.06	2.57	2.71	4.93	13.47	20.42	12.08	6.67	6.67	2.99	2.92	2.29	5.97
12 月	6.05	4.44	5.98	4.84	4.30	2.02	2.62	3.70	10.55	20.43	10.42	4.57	6.45	4.17	4.17	2.49	2.82
春季	4.71	5.25	5.14	4.51	6.36	4.57	3.51	3.92	10.48	16.49	10.05	3.94	5.16	5.12	5.37	3.69	1.72
夏季	4.05	2.99	3.51	4.66	5.68	3.85	3.10	4.03	13.50	19.18	12.14	6.34	5.34	2.58	2.17	2.76	4.10
秋季	6.48	3.94	4.53	3.91	4.24	2.93	3.07	3.89	12.66	18.04	10.99	5.72	4.97	2.63	3.21	3.25	5.54
冬季	4.79	4.30	5.89	4.14	4.74	2.76	3.31	4.24	10.45	18.16	11.12	5.41	8.22	4.58	3.43	2.74	1.70
全年	5.00	4.12	4.77	4.31	5.26	3.53	3.25	4.02	11.78	17.97	11.08	5.35	5.92	3.73	3.55	3.11	3.27

2.2.1.3　郫都区地面气象资料

收集郫都区气象站 2016 年全年逐日逐时气象数据，地面气象数据项目包括：风向、风速、气压、相对湿度和干球温度。根据数据统计分析出本区的每月平均温度的变化情况、月平均风速随月份的变化、季小时平均风速的日变化，以及每月、四季及长期平均各风向风频变化情况和年主导风向。

（1）温度

所处地区长期地面气象资料中每月平均温度的变化情况见表 2-9。

表 2-9　年平均温度的月变化

月份	1 月	2 月	3 月	4 月	5 月	6 月	7 月	8 月	9 月	10 月	11 月	12 月
温度/℃	6.20	8.42	14.09	18.49	21.12	25.18	26.22	26.84	21.85	17.72	12.09	8.85

（2）风速

所处地区长期地面气象资料中每月平均风速随月份的变化情况见表 2-10；四季每小时的平均风速变化情况见表 2-11。

表 2-10　年平均风速的月变化

月份	1 月	2 月	3 月	4 月	5 月	6 月	7 月	8 月	9 月	10 月	11 月	12 月
风速/（m/s）	1.06	1.14	1.20	1.02	1.05	0.98	1.01	0.99	0.86	0.82	0.78	0.84

表 2-11　季小时平均风速的日变化　　　　单位：m/s

时间	1:00	2:00	3:00	4:00	5:00	6:00	7:00	8:00	9:00	10:00	11:00	12:00
春季	0.86	0.99	1.04	1.18	1.30	1.41	1.55	1.48	1.41	1.42	1.42	1.20
夏季	0.86	1.02	1.04	1.24	1.30	1.44	1.41	1.43	1.36	1.33	1.15	1.02
秋季	1.00	1.08	1.25	1.26	1.28	1.23	0.99	0.89	0.74	0.76	0.73	0.67
冬季	1.15	1.04	0.98	0.97	0.78	0.83	0.78	0.72	0.91	1.09	1.21	1.28
时间	13:00	14:00	15:00	16:00	17:00	18:00	19:00	20:00	21:00	22:00	23:00	24:00
春季	1.06	0.96	0.97	1.01	1.00	0.88	0.86	0.88	0.71	0.80	0.86	0.84
夏季	0.73	0.77	0.78	0.71	0.75	0.82	0.90	0.80	0.73	0.74	0.66	0.84
秋季	0.67	0.61	0.67	0.55	0.63	0.65	0.66	0.63	0.55	0.66	0.66	0.85
冬季	1.37	1.34	1.27	1.14	0.97	0.77	0.79	0.86	0.89	0.96	1.03	1.14

（3）风向风频

根据郫都区气象站 2016 年连续一年逐日逐次的地面常规气象观测资料，统计分析出本区四季及全年地面风向频率（见表 2-12）。

表 2-12　年均风频及其月变化和季变化　　　　单位：%

风向	N	NNE	NE	ENE	E	ESE	SE	SSE	S	SSW	SW	WSW	W	WNW	NW	NNW	C
1 月	7.39	11.83	13.44	5.24	4.97	4.97	1.88	2.55	1.88	2.15	4.44	2.28	6.05	12.50	10.22	5.91	2.28
2 月	6.75	7.33	9.48	7.47	5.75	5.17	4.60	1.72	2.59	3.02	5.75	4.31	8.19	12.64	8.33	5.46	1.44
3 月	7.12	12.37	14.52	6.72	3.63	4.03	1.75	2.02	2.55	1.48	5.11	4.03	4.70	11.16	10.75	6.99	1.08
4 月	12.22	7.92	5.69	4.31	4.17	3.75	5.97	5.83	4.17	3.33	2.78	3.06	4.31	13.89	10.56	5.56	2.50
5 月	12.90	10.22	7.66	3.90	4.44	4.03	5.11	3.76	2.28	2.02	1.48	1.61	4.17	14.25	13.58	6.18	2.42
6 月	12.08	7.36	3.89	2.64	2.92	4.72	7.36	4.17	4.72	3.47	3.19	2.78	5.14	17.08	11.11	4.86	2.50
7 月	12.63	8.33	7.39	4.44	5.24	3.49	5.38	3.63	2.15	2.28	2.15	2.42	3.90	16.13	11.96	6.32	2.15
8 月	10.08	7.66	5.38	4.57	4.17	4.97	5.38	3.23	2.15	1.61	1.88	2.42	6.18	17.47	11.96	7.53	3.36
9 月	11.81	5.56	5.69	3.19	3.75	4.44	4.58	3.19	3.19	3.47	3.75	4.17	8.47	14.44	10.97	5.56	3.75
10 月	11.02	10.22	12.23	9.68	5.91	3.49	2.82	2.96	2.02	1.88	1.88	2.15	4.84	10.35	9.01	5.51	4.03
11 月	13.19	7.78	12.64	5.83	4.58	3.75	3.33	3.61	3.19	2.36	3.75	3.61	6.53	8.75	7.78	2.78	6.53
12 月	9.68	11.16	15.59	6.85	3.76	3.23	2.15	1.34	2.42	2.28	4.03	4.03	9.01	9.95	6.72	4.70	3.09
春季	10.73	10.19	9.33	4.98	4.08	3.94	4.26	3.85	2.99	2.26	3.13	2.90	4.39	13.09	11.64	6.25	1.99
夏季	11.59	7.79	5.57	3.89	4.12	4.39	6.02	3.67	2.99	2.45	2.40	2.54	5.07	16.89	11.68	6.25	2.67
秋季	12.00	7.88	10.21	6.27	4.76	3.89	3.57	3.25	2.79	2.56	3.11	3.30	6.59	11.17	9.25	4.62	4.76
冬季	7.97	10.16	12.91	6.50	4.81	4.44	2.84	1.88	2.29	2.47	4.72	3.53	7.74	11.68	8.42	5.36	2.29
全年	10.58	9.01	9.49	5.41	4.44	4.17	4.18	3.16	2.77	2.44	3.34	3.06	5.94	13.22	10.26	5.62	2.93

2.2.1.4　龙泉驿区地面气象资料

收集龙泉驿区气象站 2016 年全年逐日逐时气象数据，地面气象数据项目包括：风向、风速、气压、相对湿度和干球温度。根据数据统计分析出本区的每月平均温度的变化情况、月平均风速随月份的变化、季小时平均风速的日变化，以及每月、四季及长期平均各风向风频变化情况和年主导风向。

（1）温度

所处地区长期地面气象资料中每月平均温度的变化情况见表 2-13。

表 2-13　年平均温度的月变化

月份	1 月	2 月	3 月	4 月	5 月	6 月	7 月	8 月	9 月	10 月	11 月	12 月
温度/℃	6.33	8.66	14.43	18.73	21.58	25.51	26.61	27.17	22.08	17.93	12.49	9.09

（2）风速

所处地区长期地面气象资料中每月平均风速随月份的变化情况见表 2-14；四季每小时的平均风速变化情况见表 2-15。

表 2-14　年平均风速的月变化

月份	1 月	2 月	3 月	4 月	5 月	6 月	7 月	8 月	9 月	10 月	11 月	12 月
风速/（m/s）	1.54	1.53	1.57	1.77	1.85	1.78	1.72	1.60	1.53	1.51	1.32	1.22

表 2-15　季小时平均风速的日变化　　　　　　　单位：m/s

时间	1:00	2:00	3:00	4:00	5:00	6:00	7:00	8:00	9:00	10:00	11:00	12:00
春季	1.31	1.43	1.71	1.79	1.88	2.02	2.09	2.19	2.33	2.34	2.23	1.98
夏季	1.61	1.78	2.08	2.25	2.42	2.46	2.57	2.52	2.38	2.03	1.86	1.49
秋季	1.95	2.04	2.03	1.99	1.93	1.81	1.66	1.52	1.43	1.22	1.33	1.30
冬季	1.32	1.31	1.23	1.26	1.15	1.09	1.09	1.15	1.23	1.52	1.74	1.67
时间	13:00	14:00	15:00	16:00	17:00	18:00	19:00	20:00	21:00	22:00	23:00	24:00
春季	1.86	1.78	1.70	1.65	1.52	1.55	1.47	1.35	1.34	1.41	1.36	1.30
夏季	1.41	1.39	1.21	1.32	1.34	1.36	1.36	1.27	1.12	1.01	1.12	1.40
秋季	1.13	1.14	1.17	1.04	1.11	1.15	1.01	1.14	1.20	1.36	1.55	1.78
冬季	1.73	1.78	1.67	1.52	1.43	1.49	1.45	1.52	1.51	1.46	1.49	1.37

（3）风向风频

根据龙泉驿区气象站 2016 年连续一年逐日逐次的地面常规气象观测资料，统计分析出本区四季及全年地面风向频率（见表 2-16）。

表 2-16　年均风频及其月变化和季变化

单位：%

风向	N	NNE	NE	ENE	E	ESE	SE	SSE	S	SSW	SW	WSW	W	WNW	NW	NNW	C
1 月	12.90	12.63	9.41	4.03	5.38	6.99	10.08	7.26	4.30	10.35	3.76	1.75	2.55	1.21	1.88	2.42	3.09
2 月	7.76	12.50	9.20	4.89	5.03	8.05	10.92	6.03	5.17	8.48	5.32	2.44	2.87	2.30	3.02	2.87	3.16
3 月	14.25	14.52	8.20	4.57	4.97	6.05	9.01	6.99	4.30	6.05	4.97	3.36	1.48	1.88	1.61	2.96	4.84
4 月	8.61	10.42	8.75	4.44	5.00	6.67	10.69	7.50	5.97	11.67	8.75	3.33	2.22	0.69	1.67	3.19	0.42
5 月	11.02	14.65	12.77	4.30	5.24	6.32	8.06	5.91	3.76	6.59	5.51	4.17	3.36	1.75	1.75	4.17	0.67
6 月	5.97	6.53	4.58	2.22	3.47	6.67	12.50	9.58	8.75	16.25	8.89	5.28	2.22	1.81	1.25	3.06	0.97
7 月	15.19	14.11	8.60	4.70	6.18	6.45	10.48	5.24	4.03	6.05	4.57	2.96	1.61	1.75	2.82	4.84	0.40
8 月	9.81	11.42	6.32	3.90	6.72	8.33	15.59	9.01	5.24	5.78	4.17	1.75	3.23	1.21	1.75	2.82	2.96
9 月	8.75	11.53	5.97	4.44	4.03	6.67	9.44	7.08	6.11	12.92	6.25	4.31	2.22	2.50	2.64	3.47	1.67
10 月	14.11	19.62	12.77	5.78	3.36	8.60	7.53	4.84	3.23	5.11	2.55	1.61	2.02	2.02	1.75	3.76	1.34
11 月	9.17	9.44	10.28	5.28	6.81	7.78	11.39	5.56	6.39	8.06	3.75	1.94	1.67	1.67	2.92	2.36	5.56
12 月	16.40	15.32	6.99	5.24	4.57	6.45	5.24	5.38	6.99	4.57	4.57	2.42	1.88	1.34	2.82	4.03	5.78
春季	11.32	13.22	9.92	4.44	5.07	6.34	9.24	6.79	4.66	8.06	6.39	3.62	2.36	1.45	1.68	3.44	1.99
夏季	10.37	10.73	6.52	3.62	5.48	7.16	12.86	7.93	5.98	9.28	5.84	3.31	2.36	1.59	1.95	3.58	1.45
秋季	10.71	13.60	9.71	5.17	4.72	7.69	9.43	5.82	5.22	8.65	4.17	2.61	1.97	2.06	2.43	3.21	2.84
冬季	12.45	13.51	8.52	4.72	4.99	7.14	8.70	6.23	5.49	7.78	4.53	2.20	2.43	1.60	2.56	3.11	4.03
全年	11.21	12.76	8.66	4.49	5.07	7.08	10.06	6.69	5.34	8.45	5.24	2.94	2.28	1.67	2.15	3.34	2.57

2.2.1.5　新都区地面气象资料

收集新都区气象站 2016 年全年逐日逐时气象数据，地面气象数据项目包括：风向、风速、气压、相对湿度和干球温度。根据数据统计分析出本区的每月平均温度的变化情况、月平均风速随月份的变化、季小时平均风速的日变化，以及每月、四季及长期平均各风向风频变化情况和年主导风向。

（1）温度

所处地区长期地面气象资料中每月平均温度的变化情况见表 2-17。

表 2-17　年平均温度的月变化

月份	1 月	2 月	3 月	4 月	5 月	6 月	7 月	8 月	9 月	10 月	11 月	12 月
温度/℃	6.57	8.98	14.61	18.89	21.76	25.78	26.66	27.45	22.18	17.92	12.45	9.22

（2）风速

所处地区长期地面气象资料中每月平均风速随月份的变化情况见表 2-18；四季每小时的平均风速变化情况见表 2-19。

表 2-18　年平均风速的月变化

月份	1 月	2 月	3 月	4 月	5 月	6 月	7 月	8 月	9 月	10 月	11 月	12 月
风速/（m/s）	1.30	1.37	1.36	1.51	1.54	1.52	1.44	1.41	1.30	1.23	1.18	1.09

表 2-19　季小时平均风速的日变化　　　　　单位：m/s

时间	1:00	2:00	3:00	4:00	5:00	6:00	7:00	8:00	9:00	10:00	11:00	12:00
春季	1.21	1.29	1.44	1.65	1.80	1.88	1.93	1.98	1.93	1.83	1.69	1.64
夏季	1.26	1.35	1.60	1.82	1.90	2.03	2.09	2.06	2.07	1.88	1.73	1.52
秋季	1.44	1.51	1.55	1.64	1.58	1.60	1.52	1.47	1.36	1.31	1.25	1.11
冬季	1.31	1.23	1.06	1.08	1.00	1.06	1.03	1.02	1.15	1.33	1.52	1.49
时间	13:00	14:00	15:00	16:00	17:00	18:00	19:00	20:00	21:00	22:00	23:00	24:00
春季	1.45	1.43	1.36	1.26	1.23	1.23	1.14	1.19	1.28	1.12	1.16	1.12
夏季	1.37	1.28	1.17	1.10	1.15	1.14	1.22	1.11	1.12	1.08	0.93	1.03
秋季	1.03	1.04	1.00	1.01	1.08	0.98	0.92	0.94	0.98	0.92	1.11	1.27
冬季	1.55	1.53	1.43	1.36	1.23	1.23	1.24	1.24	1.22	1.21	1.24	1.28

（3）风向风频

根据新都区气象站 2016 年连续一年逐日逐次的地面常规气象观测资料，统计分析出本区四季及全年地面风向频率（见表 2-20）。

表 2-20　年均风频及其月变化和季变化　　　　　单位：%

风向	N	NNE	NE	ENE	E	ESE	SE	SSE	S	SSW	SW	WSW	W	WNW	NW	NNW	C
1 月	7.39	6.05	10.48	10.35	6.99	8.33	8.87	8.47	4.70	2.55	1.88	2.42	2.15	4.17	5.78	8.33	1.08
2 月	8.05	5.32	10.78	8.19	4.89	9.05	9.05	8.48	6.61	3.45	2.16	2.16	3.30	2.73	6.75	8.62	0.43

风向	N	NNE	NE	ENE	E	ESE	SE	SSE	S	SSW	SW	WSW	W	WNW	NW	NNW	C
3 月	10.62	8.74	11.29	6.18	4.84	4.17	6.59	5.91	5.11	2.28	2.15	2.42	2.28	3.09	10.22	13.17	0.94
4 月	7.36	4.86	9.86	4.72	5.69	5.00	10.00	8.75	9.72	5.56	4.17	2.92	2.92	3.75	5.28	9.31	0.14
5 月	9.27	6.85	14.65	8.33	7.39	5.11	4.57	6.18	6.59	4.57	2.55	3.36	2.96	2.55	6.18	8.20	0.67
6 月	5.83	3.33	5.00	5.83	2.92	5.83	10.56	15.42	11.39	9.58	3.61	4.31	2.50	2.92	4.44	5.97	0.56
7 月	9.27	6.85	11.29	8.33	4.97	6.45	6.05	9.14	5.38	2.69	1.48	1.61	2.28	3.63	7.39	12.77	0.40
8 月	8.47	7.53	9.81	6.59	5.51	5.78	10.75	10.22	8.74	4.03	3.90	1.88	1.48	2.15	6.45	6.45	0.27
9 月	5.69	4.44	8.47	5.69	4.72	6.81	9.72	12.22	8.06	6.25	4.17	3.06	3.75	4.03	5.00	7.08	0.83
10 月	9.27	8.74	17.07	13.04	6.72	4.97	5.24	7.53	2.69	2.55	1.61	2.02	0.81	2.55	5.51	8.87	0.81
11 月	8.75	7.78	12.50	10.28	6.25	5.42	6.81	7.50	7.64	4.58	2.08	1.67	2.22	2.64	4.44	8.47	0.97
12 月	9.81	6.85	12.90	7.26	5.91	3.36	6.05	8.06	4.57	2.69	2.96	2.28	2.96	3.76	8.20	11.56	0.81
春季	9.10	6.84	11.96	6.43	5.98	4.76	7.02	6.93	7.11	4.12	2.94	2.90	2.72	3.13	7.25	10.24	0.59
夏季	7.88	5.93	8.74	6.93	4.48	6.02	9.10	11.55	8.47	5.39	2.99	2.58	2.08	2.90	6.11	8.42	0.41
秋季	7.92	7.01	12.73	9.71	5.91	5.72	7.23	9.07	6.09	4.44	2.61	2.24	2.24	3.07	4.99	8.15	0.87
冬季	8.42	6.09	11.40	8.61	5.95	6.87	7.97	8.33	5.27	2.88	2.34	2.29	2.79	3.57	6.91	9.52	0.78
全年	8.33	6.47	11.20	7.91	5.58	5.84	7.83	8.97	6.74	4.21	2.72	2.50	2.46	3.16	6.32	9.08	0.66

2.2.2　达州市地面气象资料

收集达州市气象站 2016 年全年逐日逐时气象数据，地面气象数据项目包括：风向、风速、气压、相对湿度和干球温度。根据数据统计分析出本区的每月平均温度的变化情况、月平均风速随月份的变化、季小时平均风速的日变化，以及每月、四季及长期平均各风向风频变化情况和年主导风向。

（1）温度

所处地区长期地面气象资料中每月平均温度的变化情况见表 2-21。

表 2-21　年平均温度的月变化

月份	1 月	2 月	3 月	4 月	5 月	6 月	7 月	8 月	9 月	10 月	11 月	12 月
温度/℃	7.00	8.77	14.84	19.59	22.41	25.95	29.75	29.74	23.98	18.83	12.64	9.54

（2）风速

所处地区长期地面气象资料中每月平均风速随月份的变化情况见表 2-22；四季每小时的平均风速变化情况见表 2-23。

表 2-22　年平均风速的月变化

月份	1月	2月	3月	4月	5月	6月	7月	8月	9月	10月	11月	12月
风速/（m/s）	0.83	1.05	1.21	1.17	1.38	1.36	1.51	1.48	1.16	1.16	1.09	0.98

表 2-23　季小时平均风速的日变化　　　单位：m/s

时间	1:00	2:00	3:00	4:00	5:00	6:00	7:00	8:00	9:00	10:00	11:00	12:00
春季	1.28	1.43	1.42	1.38	1.36	1.34	1.21	1.19	1.19	1.15	1.20	1.24
夏季	1.77	1.77	1.72	1.76	1.53	1.52	1.19	1.22	1.26	1.28	1.29	1.29
秋季	1.24	1.19	1.08	1.04	1.05	1.04	1.04	1.08	1.04	1.04	1.03	1.08
冬季	0.88	0.92	1.01	1.00	1.01	1.04	1.05	1.05	1.03	1.04	1.07	0.96
时间	13:00	14:00	15:00	16:00	17:00	18:00	19:00	20:00	21:00	22:00	23:00	24:00
春季	1.15	1.22	1.14	1.17	1.16	1.17	1.25	1.26	1.30	1.30	1.23	1.33
夏季	1.40	1.40	1.37	1.36	1.35	1.38	1.37	1.44	1.42	1.44	1.54	1.70
秋季	1.07	1.11	1.12	1.13	1.25	1.25	1.28	1.21	1.23	1.25	1.16	1.24
冬季	0.96	0.97	0.93	0.87	0.82	0.83	0.88	0.91	0.95	0.91	0.82	0.90

（3）风向风频

根据达州市气象站 2016 年连续一年逐日逐次的地面常规气象观测资料，统计分析出本区四季及全年地面风向频率（见表 2-24）。

表 2-24　年均风频及其月变化和季变化　　　单位：%

风向	N	NNE	NE	ENE	E	ESE	SE	SSE	S	SSW	SW	WSW	W	WNW	NW	NNW	C
1月	7.80	3.09	4.17	6.99	6.32	13.98	17.07	12.37	5.11	3.36	3.49	3.36	0.67	1.48	0.13	0.94	9.68
2月	1.34	0.00	0.00	0.00	1.04	20.83	32.44	14.43	8.18	6.55	8.04	6.40	0.30	0.00	0.00	0.00	0.45
3月	0.67	0.00	0.00	0.00	0.67	23.39	32.80	18.95	8.33	4.03	4.57	5.65	0.67	0.00	0.00	0.00	0.27
4月	3.33	6.94	12.78	12.92	8.19	7.50	8.61	8.19	4.31	5.42	5.28	6.67	3.47	2.78	1.11	2.50	0.00
5月	7.26	14.25	20.43	21.37	7.80	2.02	1.21	1.75	2.42	2.69	3.49	5.24	4.30	2.42	1.88	1.48	0.00
6月	4.31	10.00	16.67	21.94	9.58	2.92	1.39	2.08	1.67	3.19	3.61	6.39	6.11	4.58	3.06	2.50	0.00
7月	6.45	10.62	15.46	24.19	11.42	3.90	2.55	2.55	2.42	3.09	2.42	5.78	2.96	2.82	1.75	1.61	0.00
8月	4.97	9.41	13.71	24.46	13.58	2.02	1.61	1.75	2.55	1.75	2.69	5.78	5.24	4.70	3.09	2.69	0.00
9月	4.86	8.89	10.97	22.22	12.36	3.06	2.08	1.39	1.67	4.72	5.28	6.39	8.75	3.19	3.06	1.11	0.00
10月	4.84	12.50	20.43	27.42	15.05	3.09	0.81	1.08	1.48	2.42	1.08	2.69	1.75	2.28	0.81	2.28	0.00
11月	4.86	12.92	20.42	22.92	10.97	2.64	1.53	1.11	2.36	6.53	2.50	2.08	3.06	2.36	1.67	1.94	0.14
12月	4.70	9.41	22.18	21.77	12.23	3.63	1.48	2.02	2.82	7.39	2.42	2.02	2.42	2.15	1.08	2.28	0.00
春季	3.76	7.07	11.05	11.41	5.53	11.01	14.27	9.65	5.03	4.03	4.44	5.84	2.81	1.72	1.00	1.31	0.09
夏季	5.25	10.01	15.26	23.55	11.55	2.94	1.86	2.13	2.22	2.67	2.90	5.98	4.76	4.03	2.63	2.26	0.00
秋季	4.85	11.45	17.31	24.22	12.82	2.93	1.47	1.19	1.83	4.53	2.93	3.71	4.49	2.61	1.83	1.79	0.05
冬季	4.72	4.31	9.07	9.91	6.71	12.55	16.48	9.44	5.28	5.74	4.54	3.84	1.16	1.25	0.42	1.11	3.47
全年	4.65	8.22	13.18	17.29	9.16	7.34	8.49	5.59	3.58	4.24	3.70	4.85	3.31	2.41	1.47	1.62	0.89

2.2.3　南充市地面气象资料

收集南充市气象站 2016 年全年逐日逐时气象数据，地面气象数据项目包括：风向、风速、气压、相对湿度和干球温度。根据数据统计分析出本区的每月平均温度的变化情况、月平均风速随月份的变化、季小时平均风速的日变化，以及每月、四季及长期平均各风向风频变化情况和年主导风向。

（1）温度

所处地区长期地面气象资料中每月平均温度的变化情况见表 2-25。

表 2-25　年平均温度的月变化

月份	1 月	2 月	3 月	4 月	5 月	6 月	7 月	8 月	9 月	10 月	11 月	12 月
温度/℃	6.33	8.95	14.88	18.98	21.44	25.52	28.32	28.37	22.66	18.00	12.28	9.16

（2）风速

所处地区长期地面气象资料中每月平均风速随月份的变化情况见表 2-26；四季每小时的平均风速变化情况见表 2-27。

表 2-26　年平均风速的月变化

月份	1 月	2 月	3 月	4 月	5 月	6 月	7 月	8 月	9 月	10 月	11 月	12 月
风速/（m/s）	1.89	1.93	2.31	1.95	2.47	2.24	2.06	1.95	1.69	2.06	1.82	1.59

表 2-27　季小时平均风速的日变化　　　　　　　　　单位：m/s

时间	1:00	2:00	3:00	4:00	5:00	6:00	7:00	8:00	9:00	10:00	11:00	12:00
春季	2.16	2.34	2.29	2.51	2.62	2.42	2.63	2.56	2.62	2.45	2.43	2.48
夏季	2.08	2.28	2.42	2.51	2.62	2.66	2.75	2.74	2.65	2.30	2.05	1.89
秋季	2.03	2.25	2.29	2.35	2.26	2.37	2.19	2.07	1.94	1.82	1.69	1.55
冬季	1.85	1.83	1.76	1.75	1.76	1.64	1.61	1.62	1.79	1.92	1.94	2.05
时间	13:00	14:00	15:00	16:00	17:00	18:00	19:00	20:00	21:00	22:00	23:00	24:00
春季	2.30	2.23	2.15	1.95	1.85	1.92	1.89	1.96	2.00	2.02	2.06	2.09
夏季	1.89	1.92	1.73	1.64	1.77	1.65	1.62	1.66	1.74	1.71	1.73	1.97
秋季	1.61	1.60	1.50	1.51	1.51	1.57	1.70	1.57	1.69	1.84	1.82	1.94
冬季	2.00	1.98	2.09	1.99	1.81	1.55	1.69	1.73	1.72	1.74	1.69	1.75

（3）风向风频

根据达州市气象站 2016 年连续一年逐日逐次的地面常规气象观测资料，统计分析出本区四季及全年地面风向频率（见表 2-28）。

表 2-28　年均风频及其月变化和季变化　　　　　　　　　单位：%

风向	N	NNE	NE	ENE	E	ESE	SE	SSE	S	SSW	SW	WSW	W	WNW	NW	NNW	C
1 月	15.86	30.38	14.11	5.91	2.69	0.81	1.34	3.49	6.05	4.70	4.57	1.61	1.21	0.54	2.42	2.55	1.75
2 月	24.14	18.97	6.18	7.61	3.30	1.58	1.72	4.45	8.48	8.33	4.74	2.01	1.72	1.87	2.16	2.44	0.29
3 月	22.45	29.44	7.26	5.65	4.03	2.55	1.48	4.30	5.11	4.03	2.82	1.21	2.28	1.48	1.88	4.03	0.00
4 月	18.75	17.78	6.39	6.94	5.14	3.61	2.36	5.69	10.28	9.17	3.06	2.36	1.94	1.11	1.67	3.75	0.00
5 月	26.21	24.33	7.93	6.72	3.36	1.48	1.21	3.76	5.51	6.05	3.63	0.94	1.61	1.75	1.34	3.90	0.27
6 月	12.08	16.11	7.78	6.11	5.00	2.36	2.78	6.81	13.75	9.72	7.64	1.94	1.53	1.25	1.81	3.19	0.14
7 月	18.68	17.47	6.32	10.08	9.27	2.28	2.55	4.30	9.41	9.27	3.23	1.21	1.08	0.54	1.61	2.42	0.27
8 月	11.96	17.20	9.95	9.27	9.01	3.49	2.82	5.38	9.41	9.27	3.90	1.61	1.61	1.08	1.48	2.15	0.40
9 月	14.03	21.81	8.61	5.83	6.11	2.92	2.36	3.89	6.94	8.47	4.72	3.06	2.64	1.67	2.78	4.03	0.14
10 月	21.51	29.17	12.10	7.26	2.55	1.61	1.48	1.34	3.63	3.63	2.02	2.15	1.34	1.21	2.69	4.70	1.61
11 月	21.67	20.00	10.28	6.81	4.58	1.94	2.92	5.28	4.44	6.25	2.64	1.25	1.11	1.81	1.94	3.19	3.89
12 月	19.76	29.97	9.14	7.93	2.82	1.21	2.69	3.36	5.65	3.49	3.76	2.15	1.21	1.88	1.21	2.42	1.34
春季	20.82	22.51	23.91	7.20	6.43	4.17	2.54	1.68	4.57	6.93	6.39	3.17	1.49	1.95	1.45	1.63	3.89
夏季	19.01	14.27	16.94	8.02	8.51	7.79	2.72	2.72	5.48	10.82	9.42	4.89	1.59	1.40	0.95	1.63	2.58
秋季	14.89	19.09	23.72	10.35	6.64	4.40	2.15	2.24	3.48	4.99	6.09	3.11	2.15	1.69	1.56	2.47	3.98
冬季	20.98	19.83	26.60	9.89	7.14	2.93	1.19	1.92	3.75	6.68	5.45	4.35	1.92	1.37	1.42	1.92	2.47
全年	18.93	18.92	22.78	8.86	7.18	4.83	2.15	2.14	4.33	7.37	6.84	3.88	1.79	1.61	1.34	1.91	3.23

2.2.4　广安市地面气象资料

2.2.4.1　广安市地面气象资料

收集广安市气象站 2016 年全年逐日逐时气象数据，地面气象数据项目包括：风向、风速、气压、相对湿度和干球温度。根据数据统计分析出本区的每月平均温度的变化情况、月平均风速随月份的变化、季小时平均风速的日变化，以及每月、四季及长期平均各风向风频变化情况和年主导风向。

（1）温度

所处地区长期地面气象资料中每月平均温度的变化情况见表 2-29。

表 2-29　年平均温度的月变化

月份	1 月	2 月	3 月	4 月	5 月	6 月	7 月	8 月	9 月	10 月	11 月	12 月
温度/℃	3.56	5.72	9.56	14.54	20.69	23.77	26.01	26.18	19.48	15.92	10.69	6.01

（2）风速

所处地区长期地面气象资料中每月平均风速随月份的变化情况见表 2-30；四季每小时的平均风速变化情况见表 2-31。

表 2-30　年平均风速的月变化

月份	1 月	2 月	3 月	4 月	5 月	6 月	7 月	8 月	9 月	10 月	11 月	12 月
风速/（m/s）	3.18	3.27	3.56	3.17	2.70	2.79	2.41	2.50	2.35	2.59	2.84	2.86

表 2-31　季小时平均风速的日变化　　　　　　　　　单位：m/s

时间	1:00	2:00	3:00	4:00	5:00	6:00	7:00	8:00	9:00	10:00	11:00	12:00
春季	2.81	2.81	2.78	2.75	2.75	2.90	3.16	3.36	3.39	3.54	3.54	3.52
夏季	1.92	1.98	1.96	2.00	2.06	2.41	2.83	3.08	3.14	3.20	3.28	3.19
秋季	2.20	2.30	2.38	2.36	2.41	2.50	2.63	2.81	3.08	3.12	3.21	3.22
冬季	2.90	2.87	2.83	2.80	2.75	2.83	2.76	3.06	3.25	3.47	3.49	3.43
时间	13:00	14:00	15:00	16:00	17:00	18:00	19:00	20:00	21:00	22:00	23:00	24:00
春季	3.73	3.58	3.60	3.53	3.39	3.08	2.99	2.83	2.87	2.83	2.90	2.86
夏季	3.17	3.23	3.06	2.98	2.87	2.60	2.26	2.14	2.09	2.08	2.13	1.91
秋季	3.15	3.08	2.99	2.81	2.46	2.20	2.30	2.23	2.19	2.18	2.17	2.27
冬季	3.51	3.41	3.41	3.36	3.15	3.03	3.00	3.04	3.03	3.05	2.98	2.98

（3）风向风频

根据广安市气象站 2016 年连续一年逐日逐次的地面常规气象观测资料，统计分析出本区四季及全年地面风向频率（见表 2-32）。

表 2-32　年均风频及其月变化和季变化　　　　　　　单位：%

风向	N	NNE	NE	ENE	E	ESE	SE	SSE	S	SSW	SW	WSW	W	WNW	NW	NNW	C
1 月	7.66	12.37	5.58	3.29	3.56	3.23	5.04	4.84	6.99	9.07	7.39	5.38	10.35	5.71	3.90	3.16	2.49
2 月	9.06	5.56	6.87	3.95	6.43	3.29	4.97	4.39	5.34	6.65	6.80	7.16	12.65	7.16	3.51	5.63	0.58
3 月	6.59	11.22	9.81	5.78	5.91	6.52	4.57	2.76	4.64	5.65	4.23	3.23	8.06	8.60	6.72	4.44	1.28
4 月	8.54	7.64	7.99	6.32	7.64	3.13	4.24	3.47	3.47	8.26	6.81	4.24	7.57	6.39	7.50	5.63	1.18

风向	N	NNE	NE	ENE	E	ESE	SE	SSE	S	SSW	SW	WSW	W	WNW	NW	NNW	C
5 月	10.28	9.81	8.06	4.64	5 11	4.03	3.43	2.42	3.90	9.14	9.81	5.58	4.64	3.90	5.98	6.38	2.89
6 月	7.15	7.08	5.56	5.28	5.76	2.01	2.71	2.57	6.04	10.07	15.07	7.99	7.36	4.79	3.68	3.75	3.13
7 月	8.53	5.78	6.18	5.98	6.52	4.91	3.83	3.23	4.77	7.53	8.06	6.12	7.86	4.77	5.24	6.25	4.44
8 月	7.33	7.06	5.31	5.78	4.77	3.23	2.42	2.08	4.77	9.01	12.77	6.59	8.94	6.25	4.97	4.17	4.57
9 月	10.69	7.85	6.04	4.86	5.69	2.92	4.10	2.78	4.58	6.32	8.26	6.67	8.61	5.00	4.79	5.07	5.76
10 月	11.83	12.77	7.33	3.70	4.03	3.63	3.29	2.49	5.44	7.46	8.74	5.58	5.91	2.82	3.97	6.72	4.30
11 月	8.26	7.85	4.79	2.15	3.33	3.47	3.68	4.31	7.64	11.32	9.10	6.67	9.58	4.31	4.38	3.75	5.42
12 月	9.07	9.41	5.31	4.30	5.17	2.89	3.63	2.82	5.44	12.03	8.47	6.79	9.34	4.70	4.57	3.83	2.22
春季	8.47	9.58	8.63	5.57	6.20	4.57	4.08	2.88	4.01	7.68	6.95	4.35	6.75	6.30	6.73	5.48	1.79
夏季	7.68	6.63	5.68	5.68	5.68	3.40	2.99	2.63	5.19	8.85	11.93	6.88	8.06	5.28	4.64	4.73	4.05
秋季	10.28	9.52	6.07	3.57	4.35	3.34	3.69	3.18	5.88	8.36	8.70	6.30	8.01	4.03	4.37	5.20	5.15
冬季	8.59	9.21	5.89	3.84	5.02	3.13	4.53	4.01	5.94	9.32	7.57	6.42	10.73	5.82	4.01	4.17	1.80
全年	8.75	8.73	6.57	4.67	5.32	3.61	3.82	3.17	5.25	8.55	8.80	5.98	8.38	5.36	4.94	4.90	3.20

2.2.4.2　广安市岳池县地面气象资料

收集广安市岳池县气象站 2016 年全年逐日逐时气象数据，地面气象数据项目包括：风向、风速、气压、相对湿度和干球温度。根据数据统计分析出本区的每月平均温度的变化情况、月平均风速随月份的变化、季小时平均风速的日变化，以及每月、四季及长期平均各风向风频变化情况和年主导风向。

（1）温度

所处地区长期地面气象资料中每月平均温度的变化情况见表 2-33。

表 2-33　年平均温度的月变化

月份	1 月	2 月	3 月	4 月	5 月	6 月	7 月	8 月	9 月	10 月	11 月	12 月
温度/℃	6.09	8.69	14.78	18.83	21.58	25.29	28.60	28.12	22.52	18.11	12.20	9.16

（2）风速

所处地区长期地面气象资料中每月平均风速随月份的变化情况见表 2-34；四季每小时的平均风速变化情况见表 2-35。

表 2-34　年平均风速的月变化

月份	1 月	2 月	3 月	4 月	5 月	6 月	7 月	8 月	9 月	10 月	11 月	12 月
风速/（m/s）	1.67	1.71	2.17	1.64	2.08	1.86	1.89	1.72	1.43	1.68	1.38	1.18

表 2-35 季小时平均风速的日变化 单位：m/s

时间	1:00	2:00	3:00	4:00	5:00	6:00	7:00	8:00	9:00	10:00	11:00	12:00
春季	1.78	1.98	2.00	1.98	1.98	2.02	1.96	2.07	2.28	2.33	2.27	2.18
夏季	1.66	1.75	1.86	1.93	2.00	2.15	2.22	2.27	2.18	2.16	2.09	1.95
秋季	1.44	1.55	1.60	1.69	1.75	1.85	1.88	1.83	1.67	1.70	1.55	1.49
冬季	1.45	1.47	1.44	1.56	1.43	1.36	1.42	1.40	1.49	1.51	1.59	1.63
时间	13:00	14:00	15:00	16:00	17:00	18:00	19:00	20:00	21:00	22:00	23:00	24:00
春季	2.12	2.00	1.93	1.95	1.75	1.77	1.74	1.78	1.82	1.93	1.78	1.78
夏季	1.73	1.56	1.59	1.52	1.66	1.52	1.68	1.69	1.64	1.62	1.79	1.63
秋季	1.42	1.36	1.37	1.41	1.26	1.25	1.31	1.27	1.23	1.40	1.30	1.40
冬季	1.57	1.67	1.59	1.53	1.54	1.48	1.53	1.52	1.52	1.57	1.60	1.52

（3）风向风频

根据广安市岳池县气象站 2016 年连续一年逐日逐次的地面常规气象观测资料，统计分析出本区四季及全年地面风向频率（见表 2-36）。

表 2-36 年均风频及其月变化和季变化 单位：%

风向	N	NNE	NE	ENE	E	ESE	SE	SSE	S	SSW	SW	WSW	W	WNW	NW	NNW	C
1 月	5.91	23.52	20.03	7.66	4.57	4.17	4.57	2.55	3.36	2.96	5.51	4.97	4.44	1.48	1.08	1.75	1.48
2 月	8.76	17.39	16.95	7.47	4.60	2.44	4.17	3.45	4.31	3.59	6.47	7.18	4.17	3.30	2.01	3.45	0.29
3 月	4.84	23.12	25.40	9.68	4.97	4.03	2.55	2.55	3.36	5.11	3.23	1.75	2.82	1.08	1.75	2.42	1.34
4 月	7.36	13.19	15.69	8.33	4.03	4.03	3.75	5.14	4.31	4.58	5.69	5.28	3.06	3.19	2.22	2.92	7.22
5 月	8.60	18.55	22.04	6.59	5.91	3.76	3.63	3.36	3.49	3.76	2.96	3.90	3.63	1.75	1.48	4.03	2.55
6 月	4.44	12.92	16.94	6.11	6.81	4.86	2.64	5.28	6.81	9.86	5.42	4.44	4.58	1.94	1.39	2.50	3.06
7 月	6.18	11.02	20.83	11.69	7.53	6.32	4.97	4.57	4.57	4.84	5.78	2.42	2.15	1.34	0.54	2.28	2.96
8 月	5.24	12.10	20.43	12.10	9.14	6.32	4.84	3.63	3.49	2.55	4.17	3.49	3.09	1.21	0.81	2.69	4.70
9 月	7.22	13.61	17.08	8.06	4.17	3.06	3.06	3.33	2.92	5.69	5.28	6.39	4.72	3.61	2.08	2.22	7.50
10 月	10.89	17.88	25.67	8.06	4.97	3.63	2.69	2.55	2.02	1.61	3.63	3.23	3.09	1.61	1.08	4.17	3.23
11 月	9.31	14.86	18.06	6.39	4.03	2.92	1.81	1.94	2.78	2.64	2.22	3.06	3.19	1.53	1.53	2.50	21.25
12 月	7.39	11.56	17.61	7.66	3.90	1.61	1.61	2.42	3.36	3.49	5.78	4.03	4.57	2.15	1.21	1.61	20.03
春季	6.93	18.34	21.11	8.20	4.98	3.94	3.31	3.67	3.71	4.48	3.94	3.62	3.17	1.99	1.81	3.13	3.67
夏季	5.30	12.00	19.43	10.01	7.84	5.84	4.17	4.48	4.94	5.71	5.12	3.44	3.26	1.49	0.91	2.49	3.58
秋季	9.16	15.48	20.33	7.51	4.40	3.21	2.52	2.61	2.56	3.30	3.71	4.21	3.66	2.24	1.56	2.98	10.58
冬季	7.33	17.49	18.22	7.60	4.35	2.75	3.43	2.79	3.66	3.34	5.91	5.36	4.40	2.29	1.42	2.24	7.42
全年	7.17	15.82	19.77	8.33	5.40	3.94	3.36	3.39	3.72	4.21	4.67	4.16	3.62	2.00	1.42	2.71	6.30

2.2.5　宜宾市地面气象资料

2.2.5.1　宜宾市地面气象资料

收集宜宾市气象站 2016 年全年逐日逐时气象数据，地面气象数据项目包括：风向、风速、气压、相对湿度和干球温度。根据数据统计分析出本区的每月平均温度的变化情况、月平均风速随月份的变化、季小时平均风速的日变化，以及每月、四季及长期平均各风向风频变化情况和年主导风向。

（1）温度

所处地区长期地面气象资料中每月平均温度的变化情况见表 2-37。

表 2-37　年平均温度的月变化

月份	1 月	2 月	3 月	4 月	5 月	6 月	7 月	8 月	9 月	10 月	11 月	12 月
温度/℃	8.64	10.34	16.56	20.54	23.75	26.55	28.87	29.22	23.29	20.06	14.55	11.85

（2）风速

所处地区长期地面气象资料中每月平均风速随月份的变化情况见表 2-38；四季每小时的平均风速变化情况见表 2-39。

表 2-38　年平均风速的月变化

月份	1 月	2 月	3 月	4 月	5 月	6 月	7 月	8 月	9 月	10 月	11 月	12 月
风速/（m/s）	0.96	0.97	1.11	1.08	1.21	1.15	1.20	1.16	0.90	0.94	0.94	0.86

表 2-39　季小时平均风速的日变化　　　　　　　　　单位：m/s

时间	1:00	2:00	3:00	4:00	5:00	6:00	7:00	8:00	9:00	10:00	11:00	12:00
春季	1.05	1.08	1.14	1.20	1.31	1.32	1.43	1.49	1.36	1.42	1.26	1.20
夏季	1.11	1.23	1.24	1.34	1.47	1.50	1.50	1.45	1.52	1.36	1.24	1.26
秋季	1.11	1.11	1.23	1.24	1.18	1.11	1.06	0.97	1.02	0.95	0.93	0.80
冬季	0.92	0.89	0.79	0.81	0.85	0.80	0.75	0.77	0.81	0.92	1.01	1.07
时间	13:00	14:00	15:00	16:00	17:00	18:00	19:00	20:00	21:00	22:00	23:00	24:00
春季	1.20	1.10	1.11	1.11	1.03	0.94	0.91	0.92	0.92	0.90	0.88	0.93
夏季	1.13	1.08	1.03	0.98	0.96	0.94	0.98	0.99	0.95	0.93	0.93	0.95
秋季	0.80	0.72	0.75	0.76	0.79	0.79	0.74	0.77	0.74	0.76	0.93	0.96
冬季	1.10	1.10	1.08	0.98	0.86	0.97	0.94	1.00	0.95	0.98	0.95	0.99

（3）风向风频

根据宜宾市气象站2016年连续一年逐日逐次的地面常规气象观测资料，统计分析出本区四季及全年地面风向频率（见表2-40）。

表2-40 年均风频及其月变化和季变化 单位：%

风向	N	NNE	NE	ENE	E	ESE	SE	SSE	S	SSW	SW	WSW	W	WNW	NW	NNW	C
1月	10.22	5.65	4.70	3.76	3.23	3.09	3.09	0.67	0.67	0.81	0.67	0.81	5.51	26.61	19.76	9.41	1.34
2月	8.91	6.32	6.75	3.16	4.02	5.75	4.17	2.30	1.29	0.72	2.30	1.44	10.78	25.43	9.77	5.60	1.29
3月	7.80	4.17	5.91	3.90	2.96	3.90	4.57	2.82	1.88	1.88	0.40	2.28	8.87	26.88	12.50	8.74	0.54
4月	9.17	5.00	6.11	4.17	3.19	3.06	6.67	3.75	3.19	1.25	1.81	1.81	7.22	20.14	12.50	9.72	1.25
5月	7.53	4.70	4.70	4.17	3.76	5.38	7.53	2.69	2.28	0.94	1.34	2.42	8.33	21.64	14.25	7.93	0.40
6月	5.28	3.75	4.03	5.83	4.72	4.72	8.06	6.53	4.31	2.92	1.81	4.17	7.50	18.47	12.08	5.56	0.28
7月	7.26	4.17	2.69	3.23	2.69	2.55	7.80	6.85	3.63	3.90	4.17	3.09	7.80	14.92	13.98	10.89	0.40
8月	4.57	4.57	4.30	3.76	4.44	4.44	6.32	6.72	4.57	2.69	2.02	3.36	7.93	22.58	10.89	6.32	0.54
9月	11.25	4.31	2.50	2.22	2.78	5.28	3.89	2.55	1.53	1.39	1.94	2.36	7.64	24.03	14.72	8.75	2.64
10月	10.48	4.84	2.42	2.96	2.82	3.09	4.03	2.55	0.94	0.67	1.48	2.15	6.72	24.60	18.82	9.14	2.28
11月	10.83	5.42	5.00	4.44	3.19	4.17	6.67	3.06	2.22	1.25	0.83	1.53	8.89	20.83	12.22	7.78	1.67
12月	11.96	6.18	5.51	3.09	2.42	4.97	4.70	2.42	1.75	0.67	1.08	2.02	6.45	21.51	14.38	8.74	2.15
春季	8.15	4.62	5.57	4.08	3.31	4.12	6.25	3.08	2.45	1.36	1.18	2.17	8.15	22.92	13.09	8.79	0.72
夏季	5.71	4.17	3.67	4.26	3.94	3.89	7.38	6.70	4.17	3.17	2.67	3.53	7.74	18.66	12.32	7.61	0.41
秋季	10.85	4.85	3.30	3.21	2.93	4.17	4.85	2.79	1.56	1.10	1.42	2.01	7.74	23.17	15.29	8.56	2.20
冬季	10.39	6.04	5.63	3.34	3.21	4.58	3.98	1.79	1.24	0.73	1.33	1.42	7.51	24.50	14.74	7.97	1.60
全年	8.77	4.92	4.54	3.72	3.35	4.19	5.62	3.60	2.36	1.59	1.65	2.29	7.79	22.30	13.85	8.23	1.23

2.2.5.2 宜宾市长宁县地面气象资料

收集宜宾市长宁县气象站2016年全年逐日逐时气象数据，地面气象数据项目包括：风向、风速、气压、相对湿度和干球温度。根据数据统计分析出本区的每月平均温度的变化情况、月平均风速随月份的变化、季小时平均风速的日变化，以及每月、四季及长期平均各风向风频变化情况和年主导风向。

（1）温度

所处地区长期地面气象资料中每月平均温度的变化情况见表2-41。

表 2-41　年平均温度的月变化

月份	1 月	2 月	3 月	4 月	5 月	6 月	7 月	8 月	9 月	10 月	11 月	12 月
温度/℃	8.20	9.67	16.30	20.17	23.37	26.07	28.82	28.89	23.04	19.82	14.03	11.53

（2）风速

所处地区长期地面气象资料中每月平均风速随月份的变化情况见表 2-42；四季每小时的平均风速变化情况见表 2-43。

表 2-42　年平均风速的月变化

月份	1 月	2 月	3 月	4 月	5 月	6 月	7 月	8 月	9 月	10 月	11 月	12 月
风速/（m/s）	0.96	0.98	1.07	1.05	1.18	1.13	1.26	1.19	0.92	0.96	0.86	0.84

表 2-43　季小时平均风速的日变化　　　　　　　　单位：m/s

时间	1:00	2:00	3:00	4:00	5:00	6:00	7:00	8:00	9:00	10:00	11:00	12:00
春季	1.06	1.13	1.13	1.31	1.39	1.43	1.47	1.43	1.37	1.25	1.16	1.06
夏季	1.27	1.29	1.48	1.53	1.61	1.65	1.61	1.55	1.34	1.03	1.07	1.00
秋季	1.23	1.28	1.29	1.15	1.13	0.97	0.81	0.75	0.74	0.76	0.73	0.80
冬季	0.96	0.85	0.85	0.82	0.87	0.86	0.85	0.86	0.90	0.89	1.00	1.07
时间	13:00	14:00	15:00	16:00	17:00	18:00	19:00	20:00	21:00	22:00	23:00	24:00
春季	0.99	0.92	0.88	0.88	0.81	0.92	1.01	0.93	0.93	0.95	1.01	0.97
夏季	1.07	1.01	1.00	1.09	0.99	1.00	0.99	1.02	0.96	1.00	1.04	1.13
秋季	0.77	0.78	0.75	0.76	0.75	0.78	0.79	0.90	0.92	0.99	0.98	1.09
冬季	1.09	1.13	0.99	0.87	0.84	0.90	0.88	0.87	0.93	0.93	0.97	0.99

（3）风向风频

根据宜宾市长宁县气象站 2016 年连续一年逐日逐次的地面常规气象观测资料，统计分析出本区四季及全年地面风向频率（见表 2-44）。

表 2-44　年均风频及其月变化和季变化　　　　　　　单位：%

风向	N	NNE	NE	ENE	E	ESE	SE	SSE	S	SSW	SW	WS	W	WN	NW	NNW	C
1 月	15.05	9.27	1.75	1.75	2.28	8.06	11.42	6.85	7.53	2.28	2.82	1.34	2.15	3.63	9.68	12.77	1.34
2 月	12.2	5.03	2.3	1.01	2.01	19.6	20.9	8.62	5.03	1.87	1.72	1.44	0.86	3.02	5.46	6.32	2.44
3 月	11.5	4.44	1.88	1.61	1.88	12.1	14.3	9.27	5.65	1.75	2.55	2.15	2.55	3.63	9.54	13.3	1.75
4 月	13.33	6.81	1.39	2.36	2.36	12.08	16.25	10.83	6.94	3.19	3.61	1.39	0.97	2.36	6.53	8.33	1.25

风向	N	NNE	NE	ENE	E	ESE	SE	SSE	S	SSW	SW	WS	W	WN	NW	NNW	C
5月	10.75	8.06	4.3	2.42	2.69	13.98	16.94	8.06	3.09	2.42	2.28	1.48	1.88	3.09	7.26	10.62	0.67
6月	11.94	5	1.67	1.39	3.19	14.17	18.47	11.11	5	4.86	2.64	2.08	1.94	1.39	5.14	8.89	1.11
7月	12.23	5.24	2.82	2.42	2.28	16.26	16.67	8.06	3.76	2.69	2.69	1.61	1.48	2.02	5.78	13.44	0.54
8月	8.87	7.66	2.55	1.21	2.82	18.68	19.35	9.01	3.9	2.69	5.11	2.15	2.42	1.61	4.84	6.99	0.13
9月	13.61	5.28	1.25	1.53	2.22	11.53	14.58	8.61	6.53	4.31	3.47	2.78	2.64	2.92	7.36	9.44	1.94
10月	14.78	5.51	2.96	2.28	2.02	11.69	12.9	6.45	3.63	2.96	5.91	1.75	2.82	3.23	9.14	9.54	2.42
11月	11.53	6.94	2.08	1.53	1.11	13.89	14.86	7.08	6.53	3.06	4.31	1.39	1.11	2.64	6.11	8.47	7.36
12月	17.47	7.39	1.61	0.54	2.15	10.48	10.48	7.12	4.17	3.36	2.69	1.48	2.55	4.03	11.16	11.16	2.15
春季	11.87	6.43	2.54	2.13	2.31	12.73	15.85	9.38	5.21	2.45	2.81	1.68	1.81	3.03	7.79	10.78	1.22
夏季	11.01	5.98	2.36	1.68	2.76	16.39	18.16	9.38	4.21	3.4	3.49	1.95	1.95	1.68	5.25	9.78	0.59
秋季	13.32	5.91	2.11	1.79	1.79	12.36	14.1	7.37	5.54	3.43	4.58	1.97	2.2	2.93	7.55	9.16	3.89
冬季	14.97	7.28	1.88	1.1	2.15	12.59	14.15	7.51	5.59	2.52	2.43	1.42	1.88	3.57	8.84	10.16	1.97
全年	12.78	6.4	2.22	1.67	2.25	13.52	15.57	8.41	5.13	2.95	3.32	1.75	1.96	2.8	7.35	9.97	1.91

2.2.6 泸州市纳溪区地面气象资料

收集泸州市纳溪区气象站2016年全年逐日逐时气象数据，地面气象数据项目包括：风向、风速、气压、相对湿度和干球温度。根据数据统计分析出本区的每月平均温度的变化情况、月平均风速随月份的变化、季小时平均风速的日变化，以及每月、四季及长期平均各风向风频变化情况和年主导风向。

（1）温度

所处地区长期地面气象资料中每月平均温度的变化情况见表2-45。

表2-45　年平均温度的月变化

月份	1月	2月	3月	4月	5月	6月	7月	8月	9月	10月	11月	12月
温度/℃	7.39	9.50	15.69	19.32	22.26	25.33	27.98	27.97	22.33	18.75	13.07	10.59

（2）风速

所处地区长期地面气象资料中每月平均风速随月份的变化情况见表 2-46；四季每小时的平均风速变化情况见表2-47。

表 2-46　年平均风速的月变化

月份	1 月	2 月	3 月	4 月	5 月	6 月	7 月	8 月	9 月	10 月	11 月	12 月
风速/（m/s）	1.70	1.71	1.96	1.78	2.04	1.86	1.90	1.71	1.59	1.62	1.68	1.64

表 2-47　季小时平均风速的日变化　　　　　　　　单位：m/s

时间	1:00	2:00	3:00	4:00	5:00	6:00	7:00	8:00	9:00	10:00	11:00	12:00
春季	2.21	2.13	2.05	2.02	2.07	2.13	2.10	2.06	1.89	1.83	1.76	1.93
夏季	2.16	2.10	2.18	2.11	2.17	2.14	1.95	1.84	1.78	1.69	1.74	1.78
秋季	1.77	1.81	1.82	1.74	1.67	1.56	1.54	1.50	1.54	1.53	1.46	1.47
冬季	1.64	1.60	1.53	1.64	1.54	1.49	1.53	1.38	1.40	1.52	1.48	1.59
时间	13:00	14:00	15:00	16:00	17:00	18:00	19:00	20:00	21:00	22:00	23:00	24:00
春季	1.88	1.86	1.92	1.77	1.63	1.70	1.61	1.66	1.92	2.04	2.07	2.13
夏季	1.66	1.68	1.57	1.54	1.29	1.33	1.54	1.64	1.80	1.89	2.05	2.10
秋季	1.38	1.39	1.49	1.40	1.41	1.49	1.68	1.80	1.87	1.93	1.91	1.90
冬季	1.70	1.70	1.83	1.89	1.86	2.00	2.04	1.97	1.81	1.79	1.70	1.77

（3）风向风频

根据泸州市纳溪区气象站 2016 年连续一年逐日逐次的地面常规气象观测资料，统计分析出本区四季及全年地面风向频率（见表 2-48）。

表 2-48　年均风频及其月变化和季变化　　　　　　　单位：%

风向	N	NNE	NE	ENE	E	ESE	SE	SSE	S	SSW	SW	WSW	W	WNW	NW	NNW	C
1 月	13.04	7.53	7.26	4.70	4.03	6.99	8.47	4.84	4.30	2.02	2.69	2.15	5.38	4.17	10.22	11.02	1.21
2 月	7.76	6.47	8.05	3.45	5.03	13.22	12.50	4.02	3.88	3.16	3.45	4.74	4.60	3.45	7.90	8.19	0.14
3 月	6.99	3.90	5.65	5.91	5.11	7.53	7.53	4.70	6.05	3.63	4.84	5.11	7.39	4.44	8.60	12.63	0.00
4 月	7.92	4.03	8.06	5.56	3.19	8.33	8.61	4.86	4.58	2.78	2.22	4.44	8.47	8.33	10.14	8.47	0.00
5 月	6.18	2.82	6.72	6.59	6.05	10.22	8.87	4.30	4.17	2.69	2.55	4.03	6.85	6.05	9.54	12.37	0.00
6 月	7.22	2.36	7.08	7.50	6.39	10.14	8.06	5.14	6.94	3.61	2.50	5.97	7.36	5.28	7.36	7.08	0.00
7 月	5.78	1.34	3.49	4.03	4.44	9.68	8.87	6.18	5.38	3.36	4.44	5.91	7.80	8.60	9.54	11.16	0.00
8 月	6.85	1.61	3.36	5.38	6.18	13.71	12.37	7.53	8.06	4.70	3.23	5.11	3.76	4.44	7.53	6.18	0.00
9 月	9.58	2.08	4.58	3.33	4.03	9.72	9.17	4.31	3.89	3.33	1.67	7.08	14.31	7.08	8.06	7.78	0.00
10 月	8.60	3.09	4.84	3.63	5.11	7.93	4.84	3.76	3.36	2.15	3.63	5.51	11.42	7.66	10.08	14.25	0.13
11 月	8.89	3.75	8.75	5.00	6.39	9.86	7.08	3.19	4.03	2.78	4.31	7.64	5.56	7.78	10.28	0.14
12 月	11.42	3.09	9.01	4.17	4.30	7.12	9.01	6.05	4.44	2.42	2.55	2.42	8.87	3.36	7.66	14.11	0.00
春季	7.02	3.58	6.79	6.02	4.80	8.70	8.33	4.62	4.94	3.03	3.22	4.53	7.56	6.25	9.42	11.19	0.00
夏季	6.61	1.77	4.62	5.62	5.66	11.19	9.78	6.30	6.79	3.89	3.40	5.66	6.30	6.11	8.15	0.00
秋季	9.02	2.98	6.04	3.98	5.17	9.16	7.01	3.75	3.94	3.16	2.70	5.63	11.13	6.78	8.65	10.81	0.09
冬季	10.81	5.68	8.10	4.12	4.44	9.02	9.94	4.99	4.21	2.52	2.88	3.07	6.32	3.66	8.61	11.17	0.46
全年	8.36	3.49	6.39	4.94	5.02	9.52	8.77	4.92	4.97	3.15	3.05	4.72	7.82	5.70	8.71	10.33	0.14

2.2.7 绵阳市地面气象资料

收集绵阳市气象站 2016 年全年逐日逐时气象数据，地面气象数据项目包括：风向、风速、气压、相对湿度和干球温度。根据数据统计分析出本区的每月平均温度的变化情况、月平均风速随月份的变化、季小时平均风速的日变化，以及每月、四季及长期平均各风向风频变化情况和年主导风向。

（1）温度

所处地区长期地面气象资料中每月平均温度的变化情况见表 2-49。

表 2-49　年平均温度的月变化

月份	1 月	2 月	3 月	4 月	5 月	6 月	7 月	8 月	9 月	10 月	11 月	12 月
温度/℃	6.56	8.93	14.56	19.04	21.68	26.35	27.25	28.33	22.74	18.56	12.48	9.01

（2）风速

所处地区长期地面气象资料中每月平均风速随月份的变化情况见表 2-50；四季每小时的平均风速变化情况见表 2-51。

表 2-50　年平均风速的月变化

月份	1 月	2 月	3 月	4 月	5 月	6 月	7 月	8 月	9 月	10 月	11 月	12 月
风速/（m/s）	1.67	1.68	1.92	1.95	2.23	2.04	2.03	1.95	1.73	1.81	1.54	1.34

表 2-51　季小时平均风速的日变化　　　　　　　　单位：m/s

时间	1:00	2:00	3:00	4:00	5:00	6:00	7:00	8:00	9:00	10:00	11:00	12:00
春季	1.80	1.65	1.69	1.71	1.57	1.57	1.79	1.89	1.93	2.14	2.29	2.55
夏季	1.71	1.67	1.66	1.55	1.48	1.69	1.75	1.78	1.86	1.99	2.20	2.35
秋季	1.38	1.48	1.36	1.45	1.38	1.42	1.45	1.47	1.51	1.69	1.86	2.01
冬季	1.24	1.15	1.20	1.15	1.05	1.23	1.23	1.26	1.44	1.64	1.79	1.98
时间	13:00	14:00	15:00	16:00	17:00	18:00	19:00	20:00	21:00	22:00	23:00	24:00
春季	2.69	2.64	2.56	2.45	2.26	2.10	1.94	1.98	2.07	1.91	1.86	1.77
夏季	2.49	2.48	2.59	2.55	2.62	2.30	2.11	1.99	1.95	1.94	1.82	1.67
秋季	2.06	2.21	2.38	2.19	2.00	1.94	1.84	1.77	1.59	1.54	1.38	1.38
冬季	2.03	2.24	2.17	2.00	1.80	1.70	1.68	1.63	1.54	1.53	1.37	1.34

（3）风向风频

根据绵阳市气象站 2016 年连续一年逐日逐次的地面常规气象观测资料，统计分析出本区四季及全年地面风向频率（见表 2-52）。

表 2-52　年均风频及其月变化和季变化　　　　　单位：%

风向	N	NNE	NE	ENE	E	ESE	SE	SSE	S	SSW	SW	WSW	W	WNW	NW	NNW	C
1 月	8.06	6.99	11.02	10.22	5.65	7.93	7.80	6.18	2.55	1.88	3.36	3.23	5.91	5.11	4.17	8.87	1.08
2 月	7.76	6.03	5.75	9.48	4.45	7.04	10.06	7.33	3.88	2.44	3.88	3.88	6.90	5.60	6.61	7.76	1.15
3 月	13.71	10.08	9.41	8.74	4.84	5.24	6.85	5.78	2.15	1.21	2.15	2.42	4.30	4.84	6.32	11.83	0.13
4 月	9.03	6.53	7.78	5.56	4.44	6.94	7.64	8.33	3.61	4.44	5.83	3.89	6.81	3.75	7.36	7.92	0.14
5 月	10.22	7.39	13.84	9.01	6.18	6.72	8.20	6.59	3.76	4.17	3.49	2.82	3.36	2.15	3.63	8.06	0.40
6 月	6.53	4.72	5.69	4.03	6.53	6.94	9.72	7.36	5.83	8.06	8.33	4.86	4.72	3.19	4.58	8.75	0.14
7 月	11.29	9.01	9.27	5.65	5.51	5.11	7.39	6.59	2.82	2.55	2.42	2.02	4.57	3.63	6.59	15.19	0.40
8 月	10.22	7.66	9.01	5.65	8.74	6.32	7.39	4.57	2.69	3.09	2.96	2.15	6.32	3.23	6.72	12.90	0.40
9 月	6.25	6.39	5.28	5.42	4.58	6.53	11.11	8.19	4.17	3.61	6.53	5.97	8.75	4.44	5.00	6.94	0.83
10 月	7.66	7.66	15.46	14.52	7.93	6.18	5.65	4.44	2.82	1.61	1.08	0.81	4.30	4.57	5.51	8.60	1.21
11 月	9.31	5.69	10.56	9.31	5.28	7.36	9.72	8.61	3.61	1.94	1.67	3.19	5.28	4.03	4.31	7.78	2.36
12 月	8.33	8.06	6.59	8.33	9.01	6.85	6.72	3.09	2.02	1.88	3.09	2.82	5.65	8.33	7.80	9.68	1.75
春季	11.01	8.02	10.37	7.79	5.16	6.30	7.56	6.88	3.17	3.26	3.80	3.03	4.80	3.58	5.75	9.28	0.23
夏季	9.38	7.16	8.02	5.12	6.93	6.11	8.15	6.16	3.76	4.53	4.53	2.99	5.21	3.35	5.98	12.32	0.32
秋季	7.74	6.59	10.49	9.80	5.95	6.68	8.79	7.05	3.53	2.38	3.07	3.30	6.09	4.35	4.95	7.78	1.47
冬季	8.06	7.05	7.83	9.34	6.41	7.28	8.15	5.49	2.79	2.06	3.43	3.30	6.14	6.36	6.18	8.79	1.33
全年	9.05	7.21	9.18	8.00	6.11	6.59	8.16	6.40	3.31	3.06	3.71	3.15	5.56	4.41	5.71	9.55	0.83

2.3　社会经济概况

2018 年，成都市实现生产总值 1.53 万亿元，GDP 总量稳居四川省第一；绵阳市实现生产总值 2 303 亿元，GDP 总量位居四川省第二；德阳市实现生产总值 2 213 亿元，GDP 总量位居四川省第三（见表 2-53）。

表 2-53　四川省各地市 GDP 排名

排名	地市	GDP/亿元
1	成都	15 342.77
2	绵阳	2 303.82
3	德阳	2 213.90
4	宜宾	2 026.37
5	南充	2 006.03
6	泸州	1 695.00
7	达州	1 690.00
8	乐山	1 615.10
9	凉山	1 533.20
10	内江	1 411.75
11	自贡	1 406.71
12	眉山	1 256.02
13	广安	1 250.20
14	遂宁	1 221.39
15	攀枝花	1 173.52
16	资阳	1 066.53
17	广元	801.85
18	雅安	646.10
19	巴中	645.88
20	阿坝	306.67
21	甘孜	291.29

2.4　西南典型区域大气和土壤环境二噁英质量现状

本书搜集了典型区域各生活垃圾焚烧项目的环境影响报告书（2016 年 1 月—2018 年 4 月），通过整理背景监测数值，了解典型区域二噁英的环境质量现状（见表 2-54）。

表 2-54　典型区域环境空气和土壤二噁英背景值调查

地区	环境空气二噁英		土壤二噁英	
	监测位置	浓度	监测位置	含量
成都市 A 厂	下风向 750 m	0.072 pg/m³	—	—
			—	—
广元市 F 厂	1-1#南山村	0.022 pg/m³	3#南山村	1.9 pg/g
	1-2#南山村	0.047 pg/m³	4#召化石镇（河对岸）	0.53 pg/g
	2-1#昭化古镇（河对岸）	0.032 pg/m³	—	—
	2-2#昭化古镇	0.018 pg/m³	—	—

地区	环境空气二噁英		土壤二噁英	
	监测位置	浓度	监测位置	含量
宜宾市 G 厂	厂区下风向 1 000 m	0.047 pg/m³	厂址上风向	1.1 ng/kg
	月江镇	0.049 pg/m³	厂址下风向	0.71 ng/kg
遂宁市 I 厂	厂区下风向 1 000 m	0.034 pg/m³	厂区下风向 1 000 m	0.049 ng/kg
	复桥镇	0.17 pg/m³	厂区上风向 500 m	0.21 ng/kg
眉山市 M 厂	盘鳌乡政府	0.096 pg/m³	盘鳌乡政府	0.59 ng/kg
	潭坝	0.086 pg/m³	潭坝	5.4 ng/kg
	秦家镇政府	0.093 pg/m³	秦家镇政府	1.8 ng/kg
绵阳市 N 厂	哨棚院子	0.6 pg/m³	高山寺村	0.32 pg/g
	董家湾	0.6 pg/m³	任家村	0.29 pg/g
	玉皇镇政府	0.6 pg/m³	玉皇镇	0.28 pg/g
	杨家镇	0.6 pg/m³	爱民村	0.3 pg/g
攀枝花市生活垃圾焚烧发电项目（未投产）	厂区下风向 1 000 m	0.25 pg/m³	厂区下风向 1 000 m	0.25 ng/kg
	迤资村	0.17 pg/m³	迤资村	0.23 ng/kg
雅安市生活垃圾焚烧发电项目（未投产）	厂区下风向 1 000 m	0.000 96 pg/m³	厂区下风向 1 000 m	1.4 ng/kg
	羊老坪（厂址全年主导风向下风向最近敏感点）	0.005 1 pg/m³	厂区上风向 500 m	1.2 ng/kg
	厂区下风向 1 000 m	0.005 7 pg/m³	厂区下风向 1 000 m	0.56 ng/kg
	羊老坪（厂址全年主导风向下风向最近敏感点）	0.006 pg/m³	厂区上风向 500 m	0.17 ng/kg
成都隆丰环保发电厂（未投产）	厂区下风向 1 000 m	0.15 pg/m³	厂区下风向 1 000 m	0.28 pg/g
	桂花镇	0.12 pg/m³	桂花镇	0.56 pg/g
绵竹生活垃圾环保发电项目（一期）项目（未投产）	本项目拟建厂址东北面 500 m	0.044 pg/m³	本项目拟建厂址东北面 500 m	0.37 ng/kg
	本项目拟建厂址西南面 750 m	0.051 pg/m³	本项目拟建厂址西南面 750 m	1.3 ng/kg
德阳市生活垃圾焚烧发电项目（未投产）	宝珠村	0.126 pg/m³	1# （宝珠村）	0.65 pg/kg
	项目厂区	0.060 6 pg/m³	—	—
内江市城市生活垃圾焚烧发电（未投产）	厂区下风向 1 000 m	0.3 pg/m³	厂区上风向 500 m	0.59 ng/kg
			厂区下风向 1 000 m	0.32 ng/kg

第3章 垃圾焚烧厂的污染源调查

3.1 环评污染源调查

本书搜集了西南典型区域已审批的 21 份生活垃圾焚烧厂环境影响报告书，选取采用机械炉排炉焚烧工艺的企业进行模拟分析，截至 2018 年 4 月，已投产项目数量为 14 家，投产年限为 0.9～6.7 年。1 家已于 2016 年年底停产，剩余焚烧发电项目仍在建设中。

针对已投产的 14 家企业（采用机械炉排炉焚烧工艺），本书统计了项目的具体位置、烟囱排放高度与内径、主要处理工艺以及烟气排放流速、二噁英污染物排放浓度等信息，主要排放参数见表 3-1。

表 3-1 已投产生活垃圾焚烧厂污染物排放参数一览表（基于环评报告统计）

序号	项目名称	烟囱		烟气温度/℃	排放量/(kg I-TEQ/h)
		数量/根	高度/m		
1	成都市 A 厂	1	80	160	$3.823\,08\times10^{-8}$
2	成都市 B 厂	1	80	160	$3.823\,08\times10^{-8}$
3	成都市 C 厂	1	80	165	$6.780\,00\times10^{-8}$
4	南充市 D 厂	1	80	160	$2.251\,26\times10^{-8}$
5	达州市 E 厂	1	80	160	$1.913\,04\times10^{-8}$
6	广元市 F 厂	1	80	145	$2.989\,35\times10^{-8}$
7	宜宾市 G 厂	1	80	165	$3.000\,00\times10^{-8}$
8	广安市 H 厂	1	80	165	$2.520\,75\times10^{-8}$
9	遂宁市 I 厂	1	80	150	$1.920\,00\times10^{-8}$
10	泸州市 J 厂	1	120	145	$5.282\,42\times10^{-8}$
11	西昌市 K 厂	1	80	120	$1.740\,43\times10^{-8}$
12	巴中市 L 厂	1	80	145	$1.938\,97\times10^{-8}$
13	眉山市 M 厂	1	80	145	$2.130\,00\times10^{-8}$
14	绵阳市 N 厂	1	120	147	$2.066\,76\times10^{-8}$

3.2 确定点位调查

3.2.1 垃圾焚烧项目监测厂址选择

考虑垃圾焚烧行业特点，监测厂址选择原则如下：

（1）以人口聚集区为主要监测重点。成都市作为西南典型区域的省会城市，居住人口较多，将其正在运行的 3 座垃圾焚烧厂作为重点研究对象；

（2）根据垃圾焚烧厂的运行年份，监测不同运行时间的垃圾焚烧厂对周围土壤二噁英的沉降影响；

（3）生活水平能够反映当地区域生活垃圾的成分，本次以当地 GDP 作为参考，选取不同发展水平地区的垃圾焚烧项目；

（4）西南典型区域地势复杂，本次垃圾焚烧项目根据地形分布特点，选取代表性的垃圾焚烧项目。

基于此，本书重点监测对象为成都市 A 厂（投产 6.7 a，规模 3×600 t/a）、成都市 B 厂（投产 5.5 a，规模 3×600 t/a）、成都市 C 厂（投产 1.5 a，规模 4×600 t/a）、南充市 D 厂（投产 4.1 a，规模 3×400 t/a）、广安市 H 厂（投产 2.7 a，规模 3×300 t/a）、西昌市 K 厂（投产 3.3 a，规模 1×600 t/a）。

3.2.2 监测布点

（1）土壤监测布点

土壤中沉降的二噁英以现场监测为主，烟道与环境空气中的二噁英以搜集企业例行监测数据为主，现场监测为辅。根据 CALPUFF 模型预测的污染物最大浓度分布图与干湿沉降图，本书分别选取 6 个厂区的最大落地浓度点、土壤最大沉降点与对照点作为监测对象，采表层土 0～20 cm（土壤应避免其他因素带来的干扰），具体见图 3-1 至图 3-11。

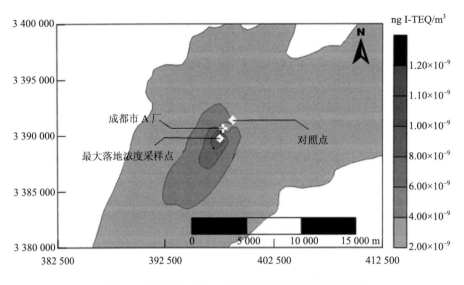

图 3-1　成都市 A 厂最大落地浓度采样点与对照点位

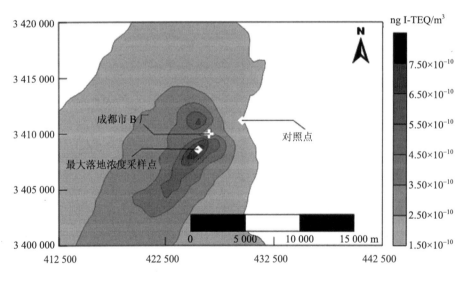

图 3-2　成都市 B 厂最大落地浓度采样点与对照点位

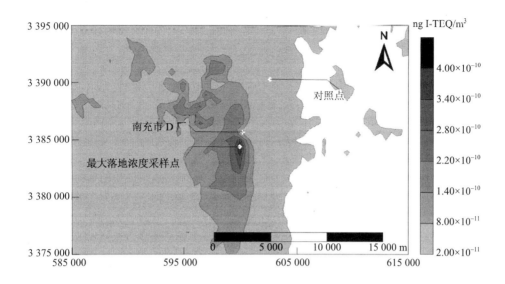

图 3-3　南充市 D 厂最大落地浓度采样点与对照点位

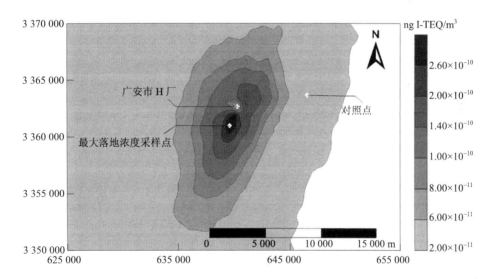

图 3-4　广安市 H 厂最大落地浓度采样点与对照点位

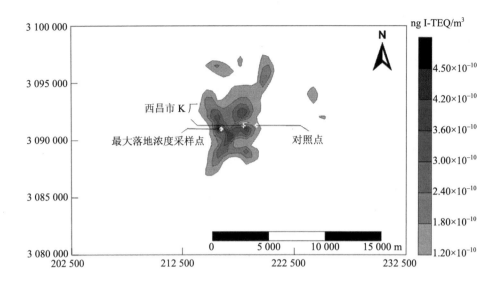

图 3-5　西昌市 K 厂最大落地浓度采样点与对照点位

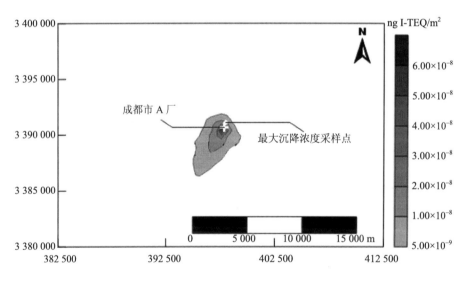

图 3-6　成都市 A 厂土壤最大沉降浓度采样点位

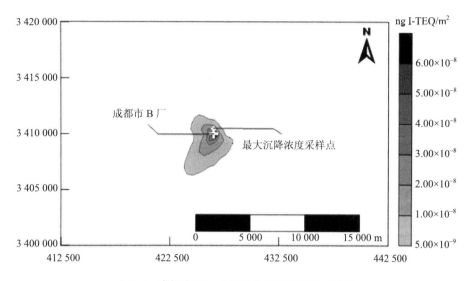

图 3-7　成都市 B 厂土壤最大沉降浓度采样点位

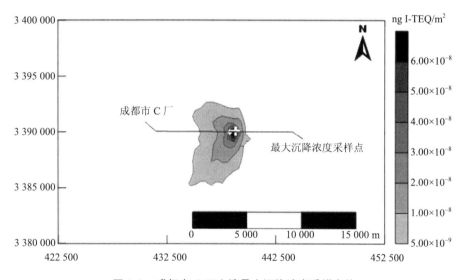

图 3-8　成都市 C 厂土壤最大沉降浓度采样点位

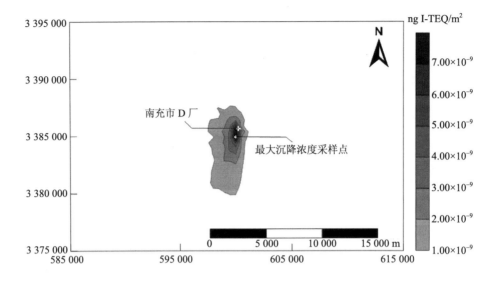

图 3-9   南充市 D 厂土壤最大沉降浓度采样点位

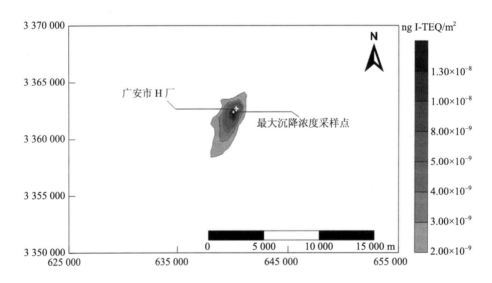

图 3-10   广安市 H 厂土壤最大沉降浓度采样点位

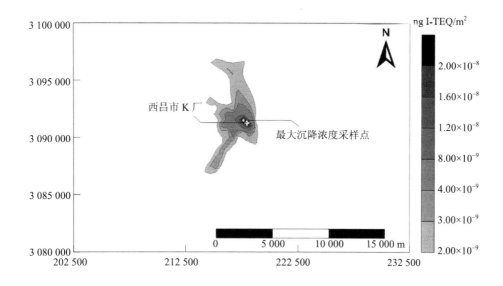

图 3-11 西昌市 K 厂土壤最大沉降浓度采样点位

（2）烟道与环境空气监测

考虑烟道污染物排放的不稳定性与污染物在环境空气扩散的瞬时性，本书以搜集项目周围例行监测数据为主，同时以成都市 A 厂为对比点，设置一组烟道与环境空气中二噁英类污染物监测点。

烟道监测点设置：成都市 A 厂建设 80 m 的单烟囱，需设置 1 个采样监测点。

环境空气监测点设置：在成都市 A 厂下风向 750 m 处设置环境空气监测点。

表 3-2 项目监测布点汇总

监测内容	涉及垃圾焚烧厂	样品与监测频率
土壤	成都市 A 厂、成都市 B 厂、成都市 C 厂、南充市 D 厂、广安市 H 厂与西昌市 K 厂	每个电厂周边取 3 个土壤样品，共计 16 个土壤监测点（成都市 C 厂取一个样品）
烟道	成都市 A 厂	1 根烟道二噁英、多氯萘及重金属监测 1 d，每天监测 3 次
环境空气	成都市 A 厂	下风向 750 m，各设置 1 个监测点，每个季节监测 1 d，测定日均值；二噁英 4 个样品，重金属 4 个总样品

本书分别选取 6 个厂区的最大落地浓度点、土壤最大沉降点与对照点作为监测对象，其中成都市 C 厂只取土壤最大沉降点样品，共计 16 个土壤监测点，监测点实际采样情况见图 3-12 和图 3-13。

图 3-12　监测点实际采样情况

图 3-13　监测点实地调研情况

监测过程说明：成都市 A 厂另设置一组烟道监测点与环境空气中二噁英类污染物监测点。成都市 A 厂最大落地浓度采样点附近有建筑施工地，在采样时存在沙土现象；对照点及最大沉降浓度采样点附近有农田，为避免残留农药、肥料的干扰，最后选择一处不施农药、肥料的地块作为采样单元，以减少人为活动的影响。成都市 B 厂最大沉降浓度采样点部分区域被堆土覆盖，在采样时应选择未被堆土覆盖的区域进行采样点的布设；最大落地浓度采样点位于园区内，附近土地硬化面积较大，为此要选取合适的采样点进行采样。成都市 C 厂有垃圾填埋场及危废焚烧处理工艺，厂区周围有恶臭现象，该厂地处山地区域，杂草等植被较多，对采样产生干扰。南充市 D 厂、广安市 H 厂、西昌市 K 厂的土壤监测点多分布于农田地区，因此，在采样时要尽量选取不施或少施农药、肥料的区域进行监测点的布设。

3.3　监测方法

3.3.1　烟道采样项目及方法

根据《生活垃圾焚烧污染控制标准》（GB 18485—2014）与垃圾成分分析，烟道采样项目为二噁英与汞及其化合物、镉及其化合物、铅及其化合物、砷及其化合物、铬及其化合物、锑及其化合物、钴及其化合物、铜及其化合物、锰及其化合物、镍及其化合物、锌及其化合物。

二噁英依据《环境空气和废气　二噁英类的测定　同位素稀释高分辨气相色谱-高分辨质谱法》（HJ 77.2—2008）、《环境二噁英类监测技术规范》（HJ 916—2017）和《固定源废气监测技术规范》（HJ/T 397—2007）在正常工况下进行样品采集。烟气采样点选取焚烧炉烟囱排放口，每次连续采集 3 个烟气样品。具体采集过程如下：

采用废气二噁英采样器等设备采集烟气样品，连接好采样装置后，将 S 型皮托管伸入烟道中部，测量烟气含氧量、烟气流速和烟温等，确定采样嘴大小，设置等速烟尘采样器主机参数后进行采样。采样前添加采样内标进行质量控制，要求采样内标物质的回收率为 70%～130%，超过此范围要重新采样。

要求在 6～8 h 内，以等时间间隔采集至少 3 个烟气样品，每个烟气样品覆盖时段不少于 2 h，以测定均值作为大气污染物排放限值二噁英类指标的判定依据。采样量根据上述标准和技术规范中方法检测限进行换算，烟气采样量为干烟气体积不少于 2 m^3（标态）。

3.3.2　环境空气采样项目及方法

环境空气监测：二噁英与汞及其化合物、镉及其化合物、铅及其化合物、砷及其化合物、铬及其化合物、锑及其化合物、钴及其化合物、铜及其化合物、锰及其化合物、镍及其化合物、锌及其化合物的全部监测日均浓度值。环境空气重金属采样点的设置参照《环境空气质量监测规范（试行）》，采样过程按照 HJ/T 194 中颗粒物采样要求执行。具体采集过程如下：

采用中流量空气采样器设备采集环境空气样品，到达采样现场后，观测并记录气象参数和天气状况。正确连接好采样系统，核查滤膜编号，用镊子将采样滤膜平放在滤膜支撑网上并压紧，滤膜毛面或编号标识面朝进气方向，将滤膜夹正确放入采样器中；设置采样开始时间、结束时间等参数，启动采样器进行采样。采样结束后，取下滤膜夹，用镊子轻轻夹住滤膜边缘，取下样品滤膜（如条件允许应尽量在室内完成装膜、取膜操作），并检查滤膜是否有破裂或滤膜上尘积面的边缘轮廓是否清晰、完整，否则该样品作废，需重新采样。

3.3.3　土壤采样项目及方法

参考《生活垃圾焚烧污染控制标准》（GB 18485—2014）与《土壤环境质量　建设用地土壤污染风险管控标准（试行）》，土壤中的主要监测指标为 pH、汞、镉、铅、砷、镉、锑、钴、铜、锰、镍、锌与阳离子交换量。

采样方法执行《土壤环境监测技术规范》（HJ/T 166—2004）中的有关规定；分析方法执行《土壤环境质量　建设用地土壤污染风险管控标准（试行）》中的有关规定。

3.4　监测结果分析

环境空气取样检测结果见表 3-3 和表 3-4。

表3-3　成都市A厂环境空气与烟道气中二噁英及重金属采样监测数据

成都市A厂	烟道废气监测	环境空气			
		夏季	秋季	冬季	春季
二噁英	0.035 ng I-TEQ/m³	3.5×10^{-5} pg I-TEQ/m³	7.2×10^{-5} pg I-TEQ/m³	1.9×10^{-4} pg I-TEQ/m³	2.7×10^{-4} pg I-TEQ/m³
汞	<0.008 5 mg/m³	—	<0.037 5 μg/m³	2.25×10^{-3} μg/m³	<2×10^{-5} μg/m³
铅	1.27×10^{-3} mg/m³	—	26.7 ng/m³	419 ng/m³	31.7 ng/m³
钴	0.000 8 mg/m³	—	2.55 ng/m³	72.0 ng/m³	9.98 ng/m³
铬	0.196 mg/m³	—	11.8 ng/m³	—	5.99 ng/m³
砷	4.32×10^{-4} mg/m³	—	11.8 ng/m³	—	10.1 ng/m³
镉	8.86×10^{-6} mg/m³	—	1.26 ng/m³	—	1.27 ng/m³
锑	1.91×10^{-4} mg/m³	—	6.01 ng/m³	37.8 ng/m³	1.19 ng/m³
铜	0.010 mg/m³	—	15.8 ng/m³	273 ng/m³	16.1 ng/m³
锰	0.005 7 mg/m³	—	56.2 ng/m³	867 ng/m³	25.4 ng/m³
镍	0.042 mg/m³	—	<0.5 ng/m³	53.4 ng/m³	1.66 ng/m³
锌	0.008 mg/m³	—	—	—	83.9 ng/m³

表 3-4 土壤中二噁英与重金属采样监测数据

项目	成都市 A 厂			成都市 B 厂			成都市 C 厂	南充市 D 厂			广安市 H 厂			西昌市 K 厂		
	对照点	沉降点	落地点	对照点	沉降点	落地点	沉降点	对照点	沉降点	落地点	对照点	沉降点	落地点	对照点	沉降点	落地点
二噁英/(ng I-TEQ/kg)	4.300	4.400	7.500	0.920	1.200	0.800	0.25	0.44	0.80	0.58	1.1	0.54	0.62	0.31	0.50	0.33
pH（量纲—）	7.940	6.250	6.20	6.47	6.27	7.93	8.56	8.33	8.36	8.44	6.59	6.01	6.28	6.12	5.13	5.98
镉/(mg/kg)	0.394	0.468	0.364	0.369	0.442	0.253	0.273	0.208	0.442	0.374	0.298	0.333	0.439	0.086	0.122	0.294
汞/(mg/kg)	0.235	0.359	0.335	0.207	0.272	0.136	0.079 9	0.026 3	0.049 2	0.095 5	0.049 7	0.112	0.064	0.048 6	0.196	0.158
铅/(mg/kg)	31.60	34.00	40.80	24.2	38.4	23.5	19.2	21.6	26.8	22.3	21.1	20.6	23.5	18.6	21.9	23.6
砷/(mg/kg)	7.520	7.160	7.460	5.86	8.67	9.25	15.3	7.4	7.6	9.82	2.14	2.58	3.2	6.09	4.32	5.29
铜/(mg/kg)	35.70	34.50	61.50	29.2	40.4	35.8	29.8	34	33.7	34.8	24.6	13.6	23.7	22	39.8	51.9
铬/(mg/kg)	82.50	71.60	86.20	89	90.1	88.1	72.4	84.8	87.9	82.9	71.6	59.1	75.2	76.5	97.3	84.1
钴/(mg/kg)	15.40	14.30	15.60	13.7	16.4	18.6	16.5	17.9	20	16	13.3	14.6	16.1	11.5	10	23
锌/(mg/kg)	132.0	1390	163.0	111	146	107	105	117	120	109	91.5	75.7	106	84.9	92.1	147
镍/(mg/kg)	40.50	35.30	35.70	40.9	45	45.2	45.9	48	56.1	48.4	31.1	30.3	40.3	23.3	47.3	34.2
锰/(mg/kg)	501.0	502.0	394.0	282	506	967	912	862	1203	913	421	394	632	420	180	1 672
锑/(mg/kg)	0.765	0.742	0.916	0.624	0.811	0.74	1.39	1.02	1.08	1.1	0.678	0.607	0.789	0.435	1.75	1.901
阳离子交换量	10.10	10.20	9.490	8.86	12	13.3	15.9	28	25.8	21.5	17.4	14	18.8	4.33	3.99	8.06

（1）监测值对比

统计本次土壤浓度监测值为 0.31～7.5 ng I-TEQ/kg（见表 3-5）。

表 3-5　不同企业土壤二噁英监测指标

项目	运行时间/a	二噁英/（ng I-TEQ/kg）		
		对照点	沉降点	落地点
成都市 A 厂	6.7	4.3	4.4	7.5
成都市 B 厂	5.5	0.92	1.2	0.8
南充市 D 厂	4.1	0.44	0.8	0.58
广安市 K 厂	2.7	1.1	0.54	0.62
西昌市 H 厂	3.3	0.31	0.5	0.33

生活垃圾中含有聚氯乙烯、塑料等含氯元素物质，因此焚烧后的烟气中常含有二噁英类物质，包括二噁英 PCDD、呋喃 PCDF 等，图 3-14（彩色插页）中对二噁英与呋喃成分含量进行统计，其中："DZ"代表对照点，"CJ"代表最大沉降点，"LD"代表最大落地点。

由图 3-14 可知，从实测二噁英与呋喃（PCDD/Fs）的质量浓度分配看，5 个监测点普遍为二噁英浓度高于呋喃；成都市 A 厂作为运行时间最长的企业，周边土壤二噁英含量明显高于投产年份较低的企业；土壤监测点规律分析表明，运行时间较长的企业土壤最大沉降值＞最大落地浓度＞背景值，运行时间较短的企业该规律不明显。

（2）异构体分析

二噁英主要监测 17 种异构体，分别为 2,3,7,8-四氯二苯并二噁英（T_4COD），1,2,3,7,8-五氯二苯并二噁英（P_5CDD），1,2,3,4,7,8-六氯二苯并二噁英（H_6CDD），1,2,3,6,7,8-六氯二苯并二噁英（H_6CDD），1,2,3,7,8,9-六氯二苯并二噁英（H_6CDD），1,2,3,4,6,7,8-七氯二苯并二噁英（H_7CDD），八氯二苯并二噁英（OCDD），2,3,7,8-四氯二苯并呋喃（T_4CDF），1,2,3,7,8-五氯二苯并呋喃（P_5CDF），2,3,4,7,8-五氯二苯并呋喃（P_5CDF），1,2,3,4,7,8-六氯二苯并呋喃（H_6CDF），1,2,3,6,7,8-六氯二苯并呋喃（H_6CDF），1,2,3,7,8,9-六氯二苯并呋喃（H_6CDF），2,3,4,6,7,8-六氯二苯并呋喃（H_6CDF），1,2,3,4,6,7,8-七氯二苯并呋喃（H_7CDF）；1,2,3,4,7,8,9-七氯二苯并呋喃（H_7CDF）与八氯二苯并呋喃（OCDF）。

项目周边土壤中八氯二苯并二噁英（OCDD）是主要贡献单体，占土壤二噁英检测总量的 25%～95%，其次为 1,2,3,4,6,7,8-HpCDD（见图 3-15，彩色插页）。周边土壤中二噁英 17 种有毒异构体显示出相似的指纹特征，并与雷鸣等研究的焚烧炉烟气中 OCDD 比例最高，其次为 1,2,3,4,6,7,8-HpCDF 的结果相近。

第 4 章　典型城市垃圾焚烧厂二噁英和
重金属监测结果及分析

城市生活垃圾焚烧厂焚烧过程中产生的二噁英、重金属污染物，具有毒性强、生物累积性等特点。垃圾焚烧厂外排烟气中存留的二噁英经干湿沉降作用在土壤中积累，使周边土壤环境受到污染。国内外研究者针对垃圾焚烧厂、钢铁厂等排放二噁英、重金属对环境影响开展了大量研究[11-13]。黄锦琼[14]在我国南方某垃圾焚烧厂周边土壤中二噁英的含量研究，发现土壤中二噁英的指纹特征与环境介质中二噁英指纹特征相似，说明大气中的二噁英可通过干湿沉降作用累积到土壤中。郭彦海等[15]对上海市某生活垃圾焚烧厂周边表层土壤进行分析，结果显示土壤中铬、镉、铜、铅、锌等重金属的平均含量均高于土壤背景值，进一步印证了排放源对周边土壤的影响。由于土壤中二噁英检测方法复杂且费用高，不易进行土壤中二噁英的长期监测，缺乏二噁英的相关研究数据。在已有研究中，Zhou 等[16]发现我国某钢铁厂周边土壤中 PCDD/Fs 及重金属元素存在一定的相关性，部分重金属能够反映 PCDD/Fs 的分布水平。但目前生活垃圾焚烧厂周边表层土壤中 PCDD/Fs 及重金属含量、来源相关研究较少。

成都市 2017 年年底的生活垃圾产量已达到 541 万 t/a [17]，目前已建成焚烧电厂 3 座。本书采集了成都 3 座典型生活垃圾焚烧厂周边表层土壤样品,分析土壤中 PCDD/Fs、重金属含量以及分布特征，采用相关和聚类分析方法确定了土壤中 PCDD/Fs 同系物及重金属间分布特征，分析了相似排放物的可能分类，确定与潜在土壤污染相对应的 PCDD/Fs 同系物和重金属，旨在为成都市生活垃圾焚烧厂周边土壤二噁英污染预警提供参考。

4.1　材料与方法

4.1.1　研究区域及样品采集

研究区域均位于成都市城乡接合部，其中 A 厂和 B 厂附近有部分工业企业，B 厂旁有一农灌沟，在厂区西南面 1 000 m 处为快速公路，C 厂附近无工业企业，3 座垃圾焚烧厂的具体信息见表 4-1。考虑在不同地形及复杂气象条件下，污染物的分布会随气象条件的改变导致厂区周边污染物扩散的浓度不同，从而无法确定空气落地浓度及土壤沉降浓度的具体的高值点，因此针对现有运行的生活垃圾焚烧项目，利用 CALMET 气象模式模拟生成区域三维气象场，通过 CALPUFF 模式进行模拟预测，从而确定空气落地浓度及土壤沉降浓度的高值区域，据此设置土壤监测点（见图 4-1）[18]，其中 S1、S4 为对照点，S3、S6 为最大落地浓度点，S2、S5、S7 分别为 3 座焚烧发电厂最大沉降浓度点，考虑到 C 厂由于运行时间较短，土壤中污染物长期累积量较小，因此 C 厂依据 CALPUFF 模式预测的沉降结果只采集了一个土壤最大沉降的点。现场采用五点梅花法取 7 个 2.5 kg 表层样品（S1—S7，0～20 cm），然后将土壤样品放入聚乙烯密封袋中，–4℃保存运输，实验室干燥 48 h，研磨过筛，装入干净棕色瓶中进行保存。

表 4-1　项目信息

项目	A 厂	B 厂	C 厂
设计垃圾处理规模	1 800 t/d	1 800 t/d	2 400 t/d
焚烧处理工艺	机械炉排炉焚烧工艺	机械炉排炉焚烧工艺	机械炉排炉焚烧工艺
尾气处理方式	喷雾干燥反应塔+活性炭吸附+布袋除尘器+选择性非催化还原（SNCR）	喷雾干燥反应塔+活性炭吸附+布袋除尘器+选择性非催化还原（SNCR）	脱硝+半干法[Ca(OH)$_2$]脱酸+干法（NaHCO$_3$）脱酸+活性炭喷射吸附+布袋除尘器+选择性催化还原（SCR）
运行时间	7 a	6 a	2 a

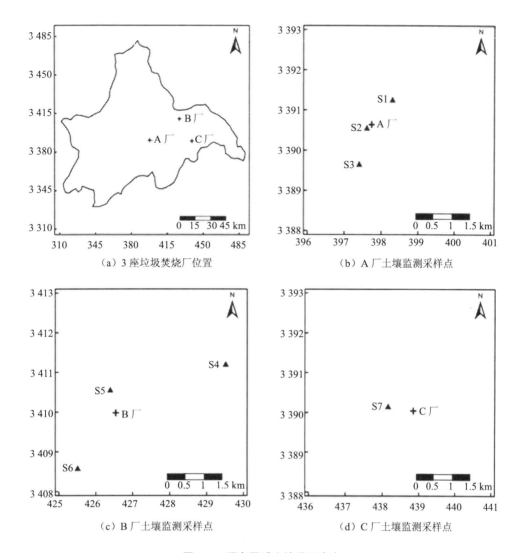

（a）3 座垃圾焚烧厂位置　　　　　（b）A 厂土壤监测采样点

（c）B 厂土壤监测采样点　　　　　（d）C 厂土壤监测采样点

图 4-1　研究区域土壤监测布点

4.1.2　样品前处理及净化

　　土壤样品分析方法按照 HJ 77.4—2008 推荐的方法进行测定[19]。采集的土壤样品风干，除去砾石大小的物质，研磨过 60 目筛，称取 20 g 土壤样品，转移至经过净化的滤纸筒内，添加 $^{13}C_{12}$ 标记的同位素提取内标，使用 300 mL 甲苯溶剂进行 18 h 以上的索氏提取，然后将试样溶液用旋转蒸发仪浓缩至 1～2 mL，将其用 100 mL 正己烷润洗，转移至分液漏斗，加入 30 mL 体积的浓硫酸后静置分层，弃去硫酸层，然后向正己烷层加入 50 mL 正己烷饱和水洗涤，重复洗至中性。硫酸处理后的试样经多层硅胶柱（依次填充石英棉、活化硅胶 0.9 g，2%氢氧化钾硅胶 3 g，活化硅胶 0.9 g，44%硫酸硅胶 4.5 g，22%硫酸硅胶 6 g，活化硅胶 0.9 g，10%硝酸银硅胶 3 g，无水硫酸钠 2 mL，用 200 mL 正己烷淋洗硅胶柱）净化，收集正己烷淋洗液。将经过初步净化的样品浓缩液定量转移到活性炭硅胶柱上进一步净化基质中的杂质，先用 30 mL 正己烷淋洗，再用 40 mL 二氯甲烷和正己烷（体积比 1∶3）的混合溶剂洗脱，最后用 50 mL 甲苯洗脱，此时二噁英分布在甲苯淋洗组分中。将甲苯组分浓缩至 1 mL 以下，将浓缩后的提取液及用少量正己烷润洗液洗脱后一并转入氮吹管吹至近干，加入二噁英进样内标，并用壬烷定容至 30 μL，涡旋混匀后转移至样品瓶中，待仪器分析。

质量保证和质量控制是通过使用空白、实验室比对和提取内标回收率完成的，均符合方法要求。所有样品的同位素内标回收率为 38%～102%，17 种 PCDD/Fs 的检出限范围为 0.03～0.10 ng/kg。

4.1.3　分析方法

金属含量的测定依据 GB/T 22105.2—2008 和 HJ 803—2016 推荐的方法完成[20-21]。土壤样品进行风干后研磨过 100 目筛。每个样品加入定量的硝酸溶液和氢氟酸溶液，随后将混合酸溶液进行微波消解，165℃后停留 20 min。消解完成后，用蒸馏水将溶液定容至 100 mL，待仪器分析。

质量保证和质量控制参考标准（HJ 543—2009 和 HJ 657—2013）和空白样品分析，以确保良好的稳定性和避免潜在的干扰，所有样品重复测定 3 次，均使用重金属标准溶液检测回收率，反复测定结果误差小于 10%，金属检出限范围为 0.002～7.00 mg/kg。

样品经旋转蒸发仪和高纯氮气吹脱浓缩后，加入二噁英进样内标，使用高分辨气相色谱-高分辨质谱联用仪（Agilent 7890B/JMS-800D UltraFocus）进行定量分析，进样量为 1.0 μL，色谱柱为 BPX-DXN（柱长 60 m，内径 0.25 mm，膜厚 0.25 μm），色谱柱升温程序：初始温度 130℃，保持 1 min 后以 15℃/min 的速度升温至 210℃，然后以 3℃/min 升温至 310℃，最后 5℃/min 升温至 320℃，保持 15 min，不分流进样。EI 源，离子源温度为 300℃，全氟煤油（PFK）作为调谐参考物质，分析过程中质谱分辨率大于 10 000。采用电感耦合等离子体质谱仪谱（CETA-YQ-067）检测分析金属 Cd、Pb、Cu、Cr、Co、Zn、Ni、Mn、Sb 的含量，金属 Hg、As 的含量采用原子荧光光度计（CETA-YQ-007）进行检测。

4.1.4　统计分析方法

未检出（n.d.）的二噁英样品按照样品检出限（SDL）的一半进行统计，用毒性当量来评价环境的潜在效应。金属元素分析采用单因子指数法（P_i）来判断土壤受污染状况，计算公式为：

$$P_i = \frac{C_i}{S_i} \tag{4-1}$$

式中，P_i 为重金属元素 i 的污染指数；C_i 为金属元素 i 的检测值；S_i 为所选取的评价标准，本书选取成都市土壤元素基准值作为参考值[22]。当 $P_i \leqslant 1$ 时，土壤处于清洁状态；当 $1 < P_i \leqslant 2$ 时，土壤处于轻度污染；当 $2 < P_i \leqslant 3$ 时，土壤为中度污染；当 $P_i > 3$ 时，土壤为重度污染。

利用 SPSS 19.0 分析软件对土壤样品中重金属元素进行相关和主成分分析。利用 R 语言对二噁英及重金属进行相关和聚类分析，方法选择皮尔逊相关系数法、K 均值聚类法和层次聚类分析法，聚类分析采用欧几里得距离法。为了分析和可视化，本书使用以下 R 包：ggplot2、cluster、FactoMineR、FactoExtra、dplyr 进行聚类分析，聚类分析的所有计算和可视化是通过 R 执行的。

4.2　结果与讨论

4.2.1　土壤中 PCDD/Fs 含量及同系物特征

研究区域周边土壤中 PCDD/Fs 的含量见表 4-2，3 座垃圾焚烧厂周边表层土壤样品中总 PCDD/Fs 毒性当量浓度为 0.25～7.5 ng I-TEQ/kg（均值 2.77 ng I-TEQ/kg），浓度为 13～964 ng/kg（均值 292 ng/kg）。A 厂（S1—S3）表层土壤中 PCDD/Fs 毒性当量浓度为 4.30～7.50 ng I-TEQ/kg（均值 5.40 ng I-TEQ/kg），浓度为 210～964.3 ng/kg（均值 535.4 ng/kg）；B 厂（S4—S6）表层土壤中 PCDD/Fs 毒性当量浓度为 0.80～1.20 ng I-TEQ/kg（均值 0.97 ng I-TEQ/kg），浓度为 39.8～182.4 ng/kg（均值 140 ng/kg）；C 厂（S7）表层土壤中 PCDD/Fs 毒性当量浓度为 0.25 ng I-TEQ/kg，浓度为 13.31 ng/kg。

表 4-2 垃圾焚烧厂周边表层土壤中 PCDD/Fs 的质量浓度（ng/kg）和毒性当量浓度（ng I-TEQ/kg）

单位：ng/kg

物质	A 厂			B 厂			C 厂	范围	均值
	S1	S2	S3	S4	S5	S6	S7		
2,3,7,8-TeCDD	0.25	0.20	0.30	0.15	0.15	0.30	0.05	0.05～0.3	0.20
1,2,3,7,8-PeCDD	0.72	0.54	0.61	0.15	0.30	0.20	0.10	0.1～0.72	0.37
1,2,3,4,7,8-HxCDD	1.50	1.00	1.00	0.90	0.40	1.20	0.10	0.1～1.50	0.87
1,2,3,6,7,8-HxCDD	1.00	0.50	1.00	0.25	0.30	0.50	0.05	0.05～1.0	0.51
1,2,3,7,8,9-HxCDD	1.50	1.00	1.00	0.30	1.00	0.50	0.10	0.1～1.50	0.77
1,2,3,4,6,7,8-HpCDD	7.10	13.00	14.00	3.30	2.90	1.10	0.66	0.66～14.0	6.01
OCDD	72.00	820.00	120.00	46.00	51.00	21.00	7.40	7.40～820	162.49
TeCDDs	26.00	22.00	48.00	22.00	67.00	5.40	1.10	1.1～67	27.36
PeCDDs	18.00	13.00	44.00	13.00	5.70	2.00	—	0～44	15.95
HxCDDs	23.00	13.00	58.00	11.00	6.60	4.00	0.26	0.26～58	16.55
HpCDDs	14.00	33.00	35.00	7.10	7.50	2.20	1.10	1.1～35	14.27
2,3,7,8-TeCDF	0.68	0.93	1.10	0.55	0.33	0.10	0.10	0.095～1.0	0.54
1,2,3,7,8-PeCDF	5.00	3.50	10.00	0.53	0.48	0.10	0.10	0.10～10.0	2.82
2,3,4,7,8-PeCDF	5.00	4.00	10.00	0.38	0.56	0.10	0.10	0.10～10.0	2.88
1,2,3,4,7,8-HxCDF	1.10	1.10	1.70	0.66	1.40	0.15	0.12	0.12～1.70	0.89
1,2,3,6,7,8-HxCDF	0.77	1.20	1.50	0.47	0.44	0.15	0.05	0.05～1.50	0.65
1,2,3,7,8,9-HxCDF	0.50	0.92	0.67	0.25	0.30	0.30	0.10	0.10～0.92	0.43
2,3,4,6,7,8-HxCDF	0.96	1.00	2.20	0.37	0.80	0.15	0.12	0.12～2.20	0.80
1,2,3,4,6,7,8-HpCDF	2.70	3.30	7.00	1.70	1.70	0.20	0.43	0.2～7.00	2.43
1,2,3,4,7,8,9-HpCDF	0.50	1.20	0.66	0.30	0.35	0.45	0.05	0.05～1.20	0.50
OCDF	1.40	4.70	8.70	1.50	1.00	0.50	0.15	0.15～8.70	2.56
TeCDFs	30.00	27.00	53.00	65.00	44.00	4.70	1.70	1.7～65	32.20
PeCDFs	13.00	14.00	33.00	10.00	11.00	—	0.33	0～33	13.56
HxCDFs	8.40	12.00	23.00	4.30	6.00	—	0.84	0～23	9.09
HpCDFs	4.10	5.60	9.30	2.50	2.80	—	0.43	0～9.3	4.12
∑PCDDs	153.00	901.00	305.00	99.10	137.80	34.60	9.86	9.86～901	234.34
∑PCDFs	56.90	63.30	127.00	83.30	64.80	5.20	3.45	3.45～127	57.71
∑PCDFs/∑PCDDs	0.37	0.07	0.42	0.84	0.47	0.15	0.35	0.07～0.84	0.38
∑PCDD/Fs	210	964.3	432	182.4	202.6	39.8	13.31	13～964	292
∑PCDD/Fs/（ng I-TEQ/kg）	4.30	4.40	7.50	0.92	1.20	0.80	0.25	0.25～7.50	2.77

注：TeCDDs、PeCDDs、HxCDDs、HpCDDs、OCDD 分别为 4～8 氯代二苯并二噁英同类物，TeCDFs、PeCDFs、HxCDFs、HpCDFs、OCDF 分别为 4～8 氯代二苯并呋喃同类物。

在本书中，S1—S7 点位表层土壤中 PCDD/Fs 毒性当量浓度为 0.25～7.50 ng I-TEQ/kg，与台湾新竹（0.52～5.02 ng I-TEQ/kg）[23]、广东某地（0.22～8.77 ng I-TEQ/kg）[24]、珠三角地区（0.66～7.11 pg I-TEQ/g）[25]等焚烧厂周边土壤中 PCDD/Fs 毒性当量含量研究结果相近，远低于广东贵屿市电子垃圾拆解厂 PCDD/Fs 含量（203～1 100 ng I-TEQ/kg）[26]。S1—S7 土壤样品中 PCDD/Fs 毒性当量水平均低于西班牙巴塞罗那（均值 15.0 ng I-TEQ/kg）[27]、美国（均值 59.7 ng I-TEQ/kg）[28]、韩国（均值 19.06 ng I-TEQ/kg）[29]等地废物焚烧厂周边土壤中的 PCDD/Fs 毒性当量水平。

3 座垃圾焚烧厂土壤中的八氯代二苯并二噁英（OCDD）在 17 种 PCDD/Fs 中均为主要贡献单体，占各采样点土壤中 PCDD/Fs 检测总量的 25.17%～85.03%，均值 3.69%。其中 A 厂周边土壤中 OCDD 浓度要远高于其他两厂，可能是由于 OCDD 比环境中其他的 PCDD/Fs 更稳定，或者是存在以 OCDD 为主要副产物五氯苯酚的影响[30]。距 A 厂最近 S2 点位的 PCDD/Fs 含量高于 S3 点位，距 B 厂最近 S5 点位的 PCDD/Fs 含量高于 S6 号点位。A 厂周边表层土壤中 PCDD/Fs 浓度含量高于其他两厂。B 厂的 S6 号点位在厂区围墙外一处农作地进行的采样，可能受到外来源农药使用情况的干扰及围墙对沉降的影响[31]，导致 S6 号点位污染物组成模式与厂区周边其余点位略有不同。3 座垃圾焚烧厂周边表层土壤样品中除 OCDD 和 OCDF 外，其余 15 种二噁英异构体中，2,3,7,8 位取代 PCDFs 的总浓度均高于 2,3,7,8 位取代 PCDDs 的总浓度。

由表 4-3 可知，PCDFs 的毒性当量浓度贡献率高于 PCDDs，PCDFs 毒性当量浓度贡献率占比达到 55%。2,3,4,7,8-PeCDF 的贡献率高于其余所有异构体（平均贡献率达 34.33%），这与黄锦琼[14]研究的我国南方某城市生活垃圾焚烧厂周边土壤中 2,3,4,7,8-PeCDF 占比最高的研究结论基本一致，同时这也是城市生活垃圾焚烧主要特征[32]。在垃圾焚烧厂土壤样品中 PCDFs 所占总毒性当量贡献率最高[33]，说明低氯化多氯二苯并呋喃可能长期累积于垃圾焚烧厂周边土壤中。A 厂的 S3 采样点中 PCDFs 浓度高于其他监测点位，存在呋喃类化合物富集，且土壤中 PCDFs 的分布特征与 PCDD/Fs 的指纹图谱相似。

表 4-3　垃圾焚烧厂周边表层土壤样品中 PCDD/Fs 异构体占总毒性当量浓度的相对百分比　单位：%

物质	A 厂			B 厂			C 厂	平均
	S1	S2	S3	S4	S5	S6	S7	
2,3,7,8-TeCDD	5.76	4.53	4.01	16.35	12.47	37.55	20.19	14.41
1,2,3,7,8-PeCDD	8.30	6.12	4.15	8.17	12.47	12.52	20.19	10.27

物质	A 厂			B 厂			C 厂	平均
	S1	S2	S3	S4	S5	S6	S7	
1,2,3,4,7,8-HxCDD	3.46	2.27	1.34	9.81	3.33	15.02	4.04	5.61
1,2,3,6,7,8-HxCDD	2.31	1.13	1.34	2.72	2.49	6.26	2.02	2.61
1,2,3,7,8,9-HxCDD	3.46	2.27	1.34	3.27	8.32	6.26	4.04	4.13
1,2,3,4,6,7,8-HpCDD	1.64	2.94	1.87	3.60	2.41	1.38	2.67	2.36
OCDD	1.66	18.57	1.61	5.01	4.24	2.63	2.99	5.24
2,3,7,8-TeCDF	1.57	2.11	1.47	5.99	2.74	1.25	3.84	2.71
1,2,3,7,8-PeCDF	5.76	4.08	6.69	2.94	2.00	0.63	2.02	3.45
2,3,4,7,8-PeCDF	57.64	45.30	66.91	20.71	23.28	6.26	20.19	34.33
1,2,3,4,7,8-HxCDF	2.54	2.49	2.28	7.19	11.64	1.88	4.85	4.69
1,2,3,6,7,8-HxCDF	1.78	2.72	2.01	5.12	3.66	1.88	2.02	2.74
1,2,3,7,8,9-HxCDF	1.15	2.08	0.90	2.72	2.49	3.75	4.04	2.45
2,3,4,6,7,8-HxCDF	2.21	2.27	2.94	4.03	6.65	1.88	4.85	3.55
1,2,3,4,6,7,8-HpCDF	0.62	0.75	0.94	1.85	1.41	0.25	1.74	1.08
1,2,3,4,7,8,9-HpCDF	0.12	0.27	0.09	0.33	0.29	0.56	0.20	0.27
OCDF	0.03	0.11	0.12	0.16	0.08	0.06	0.12	0.10

4.2.2 土壤中重金属来源探究

如表 4-4 所示，土壤中 Mn、Zn 的平均含量最高（分别为 580.57 mg/kg、129 mg/kg），而 Hg、Cd 和 Sb 的平均含量最低（分别为 0.23 mg/kg、0.37 mg/kg、0.86 mg/kg）。

采用单因子指数法（P_i）来判断土壤中金属元素受人为活动影响程度[34]，如表 4-4 所示，A 厂和 B 厂污染状况相似，Hg、Cd、Zn、Cu、Pb 出现污染，Mn、As 处于清洁状态，表明在两座垃圾焚烧厂附近的土壤受到人为影响，且影响因素相似，并且在 A、B 两厂中 PCDFs 的含量也相近。A、B 两厂周边土壤中 Hg 含量均大于 3 mg/kg，应关注 A、B 两厂周边土壤中 Hg 的含量，同时 A、B 两厂周边土壤中的 Cd 也受到了人为因素干扰。厂区周边地区易受大气飞灰中的重金属沉积影响[35]，废弃物焚烧排放源可能长期对 Hg、Cd、Zn、Cu 和 Pb 的富集有重要贡献。在 C 厂采集的表层土壤样品中 Hg 和 Cd 也出现不同程度污染，污染程度要小于 A、B 两厂，且 C 厂的 PCDD/Fs 含量也低于其他两厂，可能由于 C 厂运行年限较短，焚烧厂排放的污染物对土壤沉积影响较小。

表 4-4 垃圾焚烧厂周边表层土壤中重金属含量（mg/kg）及 P_i

采样点	Cd	Hg	Pb	As	Cu	Cr	Co	Zn	Ni	Mn	Sb
S1	0.394	0.235	31.6	7.52	35.7	82.5	15.4	132	40.5	501	0.765
S2	0.468	0.359	34	7.16	34.5	71.6	14.3	139	35.3	502	0.742
S3	0.364	0.335	40.8	7.46	61.5	86.2	15.6	163	35.7	394	0.916
S4	0.369	0.207	24.2	5.86	29.2	89	13.7	111	40.9	282	0.624
S5	0.442	0.272	38.4	8.67	40.4	90.1	16.4	146	45	506	0.811
S6	0.253	0.136	23.5	9.25	35.8	88.1	18.6	107	45.2	967	0.74
S7	0.273	0.079	19.2	15.3	29.8	72.4	16.5	105	45.9	912	1.39
范围	0.253～0.468	0.079～0.359	19.2～40.8	5.86～15.3	29.2～61.5	71.6～90.1	13.7～18.6	105～163	35.3～45.9	282～967	0.624～1.39
A 厂行政区域背景值[22]	0.13	0.03	25.90	10.20	27.50	75.20	14.80	78.20	35.90	542.0	0.75
B 厂行政区域背景值[22]	0.12	0.03	22.90	12.15	26.20	81.30	15.20	76.70	37.80	694.0	0.84
C 厂行政区域背景值[22]	0.13	0.03	20.50	9.72	26.00	73.40	13.77	69.70	33.60	586.0	0.82
A 厂金属 P_i 值	3.14	10.32	1.37	0.72	1.60	1.07	1.02	1.85	1.04	0.86	1.08
B 厂金属 P_i 值	2.96	6.83	1.25	0.65	1.34	1.10	1.07	1.58	1.16	0.84	0.86
C 厂金属 P_i 值	2.10	2.66	0.94	1.57	1.15	0.99	1.20	1.51	1.37	1.56	1.70

由表 4-5 可知，11 种金属元素间存在 6 组显著正相关，分别为 Hg 与 Cd，Pb 与 Hg，Cu 与 Pb，Zn 与 Pb、Hg、Cu，Mn 与 As、Co，Sb 与 As。结合 P_i 值，Hg、Cd 和 Zn 是受污染相对较高的元素，且这 3 种重金属存在显著正相关，说明受到共同因素的影响，具有一致的来源[36-37]。对各金属元素含量进行主成分分析[38]，结果如表 4-6 所示，3 个主成分累计方差贡献率为 89.63%。PC1 的方差贡献率为 56.35%，Ni、Mn、Co、Cr 具有较大正载荷，其中 Mn、Ni 通常作为土壤自然源标志元素[39-41]，这类金属不易受外界环境影响，可认为这一组重金属为自然源。PC2 的方差贡献率为 17.24%，Cd、Hg、Pb、Cu、Zn 与人为污染来源有关，其中 Hg、Cd、Pb 被认为是垃圾焚烧尾气中污染物的标志性元素[42-43]。这一组成分与垃圾焚烧厂周边土壤中重金属相关性分析具有相似性，表明厂区周边表层土壤中的这组重金属与焚烧源存在一定的关系。PC3 的方差贡献率为 16.03%，As、Sb 具有较大正载荷，含 As 元素通常用来生产除草剂、农药等，由于采样区域多为农田，周围农作物可能使用了含 As 元素的除草剂，导致土壤中重金属的积累[44]。焚烧厂周边土壤中受到了相似的人为污染源的影响，表明垃圾焚烧厂已经成为重金属及二噁英对周围土壤污染的潜在贡献者。

表 4-5　垃圾焚烧厂周边表层土壤中重金属间 Pearson 相关矩阵

重金属	Cd	Hg	Pb	As	Cu	Cr	Co	Zn	Ni	Mn	Sb
Cd	1.000										
Hg	0.841*	1.000									
Pb	0.714	0.885**	1.000								
As	−0.590	−0.701	−0.531	1.000							
Cu	0.132	0.561	0.763*	−0.253	1.000						
Cr	−0.058	0.029	0.248	−0.486	0.304	1.000					
Co	−0.655	−0.523	−0.220	0.508	0.090	0.201	1.000				
Zn	0.658	0.870*	0.982**	−0.441	0.823*	0.143	−0.25	1.000			
Ni	−0.569	−0.839*	−0.587	0.616	−0.487	0.22	0.645	−0.643	1.000		
Mn	−0.733	−0.717	−0.589	0.772*	−0.296	−0.291	0.834*	−0.574	0.647	1.000	
Sb	−0.455	−0.489	−0.325	0.929**	−0.010	−0.546	0.29	−0.186	0.351	0.538	1.000

注：*在 0.05 水平上显著相关，**在 0.01 水平上显著相关。

表 4-6　垃圾焚烧厂周边表层土壤中重金属元素主成分载荷

重金属元素	主成分		
	PC1	PC2	PC3
Cd	−0.802	0.343	−0.135
Hg	−0.686	0.674	−0.176
Pb	−0.346	0.886	−0.212
As	0.590	−0.221	0.748
Cu	0.084	0.945	−0.092
Cr	0.300	0.184	−0.893
Co	0.936	0.083	0.008
Zn	−0.348	0.926	−0.071
Ni	0.745	−0.478	−0.024
Mn	0.772	−0.285	0.406
Sb	0.413	0.002	0.852
特征值	6.199	1.897	1.764
方差贡献率/%	56.352	17.244	16.033
累计方差贡献率/%	56.352	73.596	89.629

4.3　土壤中二噁英同系物和重金属相关性分析

如图 4-2 所示（彩色插页），PCDD/Fs 组分与一组重金属具有良好的相关性，表明了一些金属可以作为来自垃圾焚烧厂的 PCDD/Fs 的指标。OCDD、1,2,3,7,8,9-HxCDF 和 1,2,3,4,7,8,9-HpCDF 之间呈正相关，其中一组金属（Cr、Co、Sb、As、Mn、Ni）与 PCDD/Fs 显示较差的相关性，Pearson 相关系数接近于零，另一组金属（Hg、Pb、Zn）与部分 PCDFs 呈显著正相关，相关系数 r 为 0.792、0.760、0.788，所对应的 p 值分别为 0.034、0.047、0.035。Cd、Hg、Pb、Cu、Zn 之间也具有较好的相关性，垃圾焚烧厂周边表层土壤中的部分重金属与部分 PCDD/Fs 具有相关性。PCDD/Fs 与这一组金属的良好相关性意味着它们具有相同来源。

如图 4-3 所示，PCDD/Fs 与金属被分成 4 组或 7 组。在 7 个不同簇之间的物种中，簇 1、2、3 都是由金属（As 和 Sb；Ni、Co 和 Mn；Cr）组成，表明土壤中的重金属元素或受人为和自然条件的影响。簇 4 是由 2,3,7,8-TeCDD、1,2,3,4,7,8-HxCDD、1,2,3,7,8-HpCDD、1,2,3,6,7,8-HxCDD、1,2,3,7,8,9-HxCDD 组成的，这可能意味着 5 个 PCDDs 的形成或转化是相对独立的。一组金属（Pb、Zn、Cd、Hg、Cu）与部分 PCDFs 聚在同一类，这组中部分金属与 PCDFs 具有正相关，这表明它们可能具有相同的来源。这组重金属与焚烧源存在一定的关系，并且这组重金属与土壤样品中的部分 PCDFs 存在显著相关性，因此这些 PCDFs 可能也来源于垃圾焚烧厂。随着成都市垃圾产量日益增加，有必要对垃圾焚烧厂周围的环境质量进行分析，并确保更好地采取行动，减少来自垃圾焚烧厂的二噁英。因此，定期开展成都地区垃圾焚烧厂周围土壤 Hg、Pb、Zn、Cd 和 Cu 的监测，了解此类重金属土壤含量的变化趋势，可为土壤中二噁英类污染物预警提供参考。

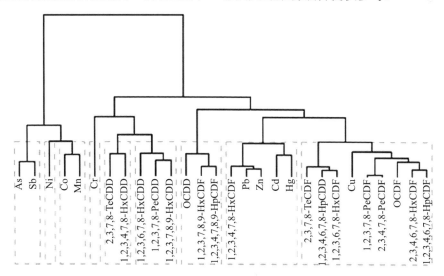

图 4-3　PCDD/Fs 和重金属聚类分析

4.4　不确定性分析

　　研究区域处于农田地区的采样点，附近有农作物种植，部分因素（秸秆焚烧、除草剂使用等）均会干扰土壤中二噁英及重金属浓度，此外，在取样及检测过程中由于容器壁吸附、测试限值等，也会导致二噁英及重金属监测值出现异常。

4.5　结论

　　成都市生活垃圾焚烧厂周边表层土壤样品中指纹图谱显示，PCDFs 的毒性当量浓度贡献率要高于 PCDDs，PCDFs 毒性当量浓度平均贡献率占比达到 55%。垃圾焚烧厂周边土壤中 2,3,4,7,8-PeCDF 对总毒性当量贡献最高（平均贡献率达 34.33%）。

　　对金属的主成分分析结果显示，成分 PC2 中 Hg、Pb、Zn、Cd 和 Cu 来自人为污染，且研究区域周边土壤中都受到了相似的人为污染源的影响，其中 Hg、Pb 被认为是垃圾焚烧尾气重金属污染的标志性元素，且与周边土壤重金属相关性分析特征具有相似性，表明成都地区的垃圾焚烧厂已经成为二噁英及重金属对周边土壤污染的潜在贡献者。

　　相关及聚类分析结果表明，Hg、Pb、Zn、Cd、Cu 与部分 PCDFs 位于同一聚类且具有良好的相关性，采集此类金属可作为示踪剂来表征研究区域 PCDFs 来源，这将有助于识别来自垃圾焚烧厂和其他来源的污染。

第5章 西南典型区域垃圾焚烧二噁英排放清单

本书通过收集已投运的垃圾焚烧厂实测数据,运用统计学进行二噁英排放清单的建立。根据收集的例行监测数据（含监督性监测数据）的二噁英排放资料,并结合文献调查资料与实际监测数据,分别给出不同地区的生活焚烧发电厂二噁英排放水平（以监测的6个厂区为代表）,据此制订典型垃圾焚烧厂二噁英类污染物排放清单,具体见图5-1。

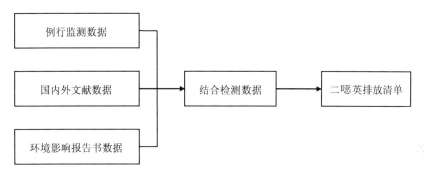

图 5-1 建立垃圾焚烧厂二噁英排放清单流程

（1）监测数据统计

目前运行的西南典型区域生活垃圾焚烧项目尚未建立污染物排放清单,无法正确说明生活垃圾焚烧的二噁英的污染排放水平与环境影响。由于我国幅员辽阔,垃圾成分因经济发展水平与生活差异各不相同,生活垃圾焚烧厂的管理水平与处理工艺也有所差异,二噁英排放存在诸多不确定性,所以编制区域大气污染物中二噁英的排放清单势在必行。本书搜集了西南典型区域各垃圾焚烧项目二噁英监督性监测与例行监测等数据,通过数据分析建立二噁英类污染物排放清单。

本书搜集了14个西南典型区域生活垃圾焚烧厂的数据,数据统计遵循以下原则:

①鉴于《生活垃圾焚烧污染控制标准》（GB 18485—2014）于2015年7月执行,部分企业对环保工艺进行整体改造,本次统计主要为2015年及以后数据;

②以数据较全的 2017 年为基准年；

③二噁英一般采用 3 次监测分析，排放清单监测浓度取连续 3 次监测的平均值。

（2）排放量及排放因子计算

本书依据联合国环境规划署 2005 年发布的第二版《二噁英和呋喃排放识别和量化标准工具包》中清单编制方案建立西南典型区域生活垃圾焚烧行业二噁英排放清单。对源强定量有两种方法。

第一种方法是采用各个介质中的排放因子（水、大气、土壤、产品、残渣）和活动水平数据计算源强，生活垃圾焚烧中二噁英的主要排放介质为大气和残渣，公式为：

$$源强（每年的二噁英排放量）= \sum 排放因子_{大气} \times 活动率 + \sum 排放因子_{残渣} \times 活动率 \quad （5\text{-}1）$$

式（5-1）中活动率为每年所处理的实际进料量或者是所生产的实际产品量（单位为 t/a）。

第二种方法是采用排放浓度和通量来计算源强，公式为：

$$源强（每年二噁英排放量）= 排放浓度 \times 通量 \quad （5\text{-}2）$$

每年的通量是指每年所排放的气体、液体或固体的质量流速（以 m^3/h 或 t/h 为单位），式（5-2）中通量是指在满负荷条件下每小时的质量或体积流量乘以每年满负荷运行小时数所计算出来的结果，源强结果单位用 g I-TEQ/a 表示。

本书主要采用第二种方法，通过收集已投运的垃圾焚烧厂二噁英排放的例行监测数据（含监督性监测数据）、环境统计数据的资料，并结合文献调查资料与实际二噁英监测数据统计出不同地区的生活垃圾焚烧发电厂二噁英排放水平。对未收集到数据的企业采用类比方法与其工艺相近、运行条件相似的企业进行类比分析，选择出适当的排放因子进行源强的定量分析。采用工具包中两种方法有机结合的方式建立西南典型区域生活垃圾焚烧行业二噁英排放清单。

（3）二噁英排放清单建立

根据本次统计的实际监测数据，对每个焚烧项目排放的二噁英值进行统计，分别计算出均值、方差与标准差等结果（见表 5-1），通过计算来定量分析，参数的计算公式如下：

方差：

$$S_N = \frac{\sum_1^N (C_m - C_0)^2}{N} \times 100\% \qquad (5\text{-}3)$$

标准差：

$$S = \sqrt{\frac{\sum_1^N (C_m - C_0)^2}{N}} \times 100\% \qquad (5\text{-}4)$$

式中：C_{max}——统计监测二噁英的最大值；

$\quad\quad$ C_{min}——统计监测二噁英的最小值；

$\quad\quad$ C_m——当前二噁英统计值；

$\quad\quad$ C_0——统计二噁英监测值的平均值。

表 5-1　西南典型区域各生活垃圾焚烧项目排放二噁英统计结果

厂址	二噁英监测值/（ng I-TEQ/m³）	标准差	方差
	均值		
成都市 A 厂	0.011 2	0.017 19	2.96×10^{-4}
南充市 D 厂	0.016	0.002 31	5.33×10^{-6}
达州市 E 厂	0.029 6	0.030 61	9.37×10^{-4}
宜宾市 G 厂	0.011 9	0.017 49	3.06×10^{-4}
广安市 H 厂	0.036 6	0.030 75	9.46×10^{-4}
遂宁市 I 厂	0.007 6	0.010 67	1.14×10^{-4}
泸州市 J 厂	0.025 3	0.020 46	4.19×10^{-4}
西昌市 K 厂	0.066 8	0.038 61	1.49×10^{-3}
巴中市 L 厂	0.081 3	0.022 34	4.99×10^{-4}
眉山市 M 厂	0.020 2	0.026 62	7.09×10^{-4}

考虑实际烟气量与烟气流速波动较大，且监测工况不稳定，本次采用环评中的有关烟囱参数以及烟气流速的设计数据，同时根据监测数据以及烟囱等效内径进行校正；烟气温度在初步排放清单的基础上根据实际监测值进行修正；烟囱的高度、内径等参数采用环评等数据。现有已运行项目的二噁英排放清单见表 5-2。

表 5-2 西南典型区域已投产生活垃圾焚烧发电项目二噁英排清单

| 序号 | 项目名称 | 炉型 | 规模/(t/d) | 烟囱 | | 烟温/℃ | 排放量/(kg I-TEQ/h) | 排放因子/(ng I-TEQ/a) |
				数量/根	高度/m			
1	成都市 A 厂		3×600	1	80	170	$4.28×10^{-9}$	57.09
2	成都市 B 厂		3×600	1	80	160	$4.8×10^{-9}$	63.95
3	成都市 C 厂		4×600	1	80	165	$6.4×10^{-9}$	63.95
4	南充市 D 厂		3×400	1	80	160	$3.6×10^{-9}$	72.04
5	达州市 E 厂		3×350	1	80	160	$5.66×10^{-9}$	129.46
6	广元市 F 厂		3×350	1	80	145	$5.99×10^{-9}$	137.04
7	宜宾市 G 厂	机械炉排炉	2×600	1	80	161	$3.54×10^{-9}$	70.8
8	广安市 H 厂		2×300	1	80	165	$6.15×10^{-9}$	246.03
9	遂宁市 I 厂		2×400	1	80	150	$1.46×10^{-9}$	43.78
10	泸州市 J 厂		3×500	1	120	149	$1.34×10^{-8}$	213.83
11	西昌市 K 厂		1×600	1	80	144	$1.16×10^{-8}$	465.04
12	巴中市 L 厂		2×300	1	80	145	$1.58×10^{-8}$	630.55
13	眉山市 M 厂		2×500	1	80	145	$5.38×10^{-9}$	129.04
14	绵阳市 N 厂		2×500	1	120	147	$6.01×10^{-9}$	144.14

第6章 CALPUFF 参数设置及模拟结果分析

6.1 CALPUFF模型结构介绍

CALPUFF 模型是由美国西格玛公司（Sigma Research Corporation）研发的新一代的非稳态气相和空气质量建模系统。该模型采用小时风场的气象资料，充分考虑复杂地形对污染物干湿沉降的影响。能够很好地模拟不同尺度区域内污染物扩散模式。CALPUFF 模型系统由 CALMET、CALPUFF 和 CALPOST 后处理软件三大部分组成。其中，CALMET 气象模式作为气象信息预处理模型可用于模拟三维风场和气象场。通过气象信息预处理模型输入该区域地理环境及 MM5、WRF 等中尺度气象数据而计算出初始数据，并计算出 CALPUFF 模型所需参数。CALPUFF 模式是具有传输和扩散两种模拟方式的模型，通过气象模式给出的初始参数模拟污染物作为非稳态烟团从排放源中排放后的传输和扩散及转化过程。CALPOST 后处理软件的功能是处理 CALPUFF 输出的数据，将其进行可视化。CALPUFF 模型能够模拟几百公里范围内的污染物传输扩散运动方式，适用于进行大范围的城市大气容量研究，并且通过 CALMET 气象模式中输入的地面、地形数据及高空气象资料自动计算出逐时的风场、混合层高度、大气稳定度初始参数能够用于复杂地形条件下的模拟。目前 CALPUFF 大气污染扩散模型的系统理论较为完善，充分考虑了气象、地形、地面条件等诸多因素的影响，适用于不同区域尺度的研究。图 6-1 展示了 CALPUFF 模型的技术流程，CALPUFF 模型系统核心包括 CALMET、CALPUFF、CALPOST 三大模块，其次还包含一些预处理和后处理模块。

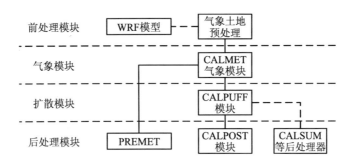

图 6-1 CALPUFF 模型技术流程

6.2 CALMET气象参数选择

6.2.1 地形和土地利用数据

本书地形文件来源于美国国家航空航天局（NASA）90 m 精度地形高程数据，30 m 土地利用类型数据来源于生态环境部环境工程评估中心"环境影响评价基础数据库建设"课题成果。使用 CALPUFF 模型的前处理模块 TERREL 功能处理地形文件，生成 TERREL.DAT，使用 CTGPROC 功能处理土地利用数据文件，生成 LU.DAT。表 6-1 给出了土地利用类型 LU.DAT 文件及相应的地理参数值。

表 6-1 土地利用类型及相应的地理参数

土地利用类型	描述	地表粗糙度/m	反照率	波文比	土壤热通量参数	人类活动热通量/（W/m²）	叶面积指数
10	城镇或建筑用地	1.0	0.18	1.5	0.25	0.0	0.2
20	农业用地-未灌溉	0.25	0.15	1.0	0.15	0.0	3.0
30	山地	0.05	0.25	1.0	0.15	0.0	0.5
40	林地	1.0	0.10	1.0	0.15	0.0	7.0
51	小流域	0.001	0.10	0.0	1.0	0.0	7.0

6.2.2　地面气象数据

共采用 13 个监测站点，测风高度为 10 m，利用 CALPUFF 模型系统前处理模块的 SMERGE 功能，整合 13 个监测站点的气象数据，包含 8 种气象要素：温度（℃）、降水（mm）、气压（mbar）、相对湿度（%）、风向（°）、风速（m/s）、云量（十分制）、云底高度（百英尺），最终生成 SURF.DAT，用于输入 CALMET 模块中。

从 13 个监测站点全年风玫瑰图来看，成都地区的蒲江县地面站主导风为西南风，其余监测站点的主导风向基本为东北风。成都地区这 5 个监测站的四季主导风向变化不明显，所有站点全年平均风速基本低于 3.0 m/s。宜宾市和泸州市地面站全年主导风向为西北风和东南风，其余城市监测站点全年主导风向基本相同，为东北风向。

6.2.3　高空气象数据

本书使用本研究团队已有的 WRF（the Weather Research and Forecasting）中尺度气象数据成果作为 CALMET 的高空气象数据。

6.3　CALPUFF参数选择

6.3.1　排放源数据

CALPUFF 参数包括：经纬度、烟囱高度、出口烟气速度、地形高程、源强、烟气出口温度等，此外，模型对不同排放源类型（点源、面源、线源、体源）的计算方式也存在差异，如体源模拟过程中会考虑烟气抬升过程。

对于排放源类型的划分，本书中 CALPUFF 模拟只涉及点源。CALPUFF 模块对点源来说，需要输入以下模型参数：排放源 UTM 坐标（km）、排放源的海拔高度（m）、排气筒高度（m）、排气筒出口直径（m）、工况烟气出口温度（K）、工况烟气出口流速（m/s）、污染物排放速率（kg/h）。

由于环境统计数据只包含上述参数中的排放源坐标和污染物排放速率（通过年排放量除以 8 000 h 获得）信息，对于其余参数的选取，本书逐一依据每个企业处理规模以及污染物排放浓度情况，通过以下方法获得：企业建设项目的环境评价报告、例行监测数据、文献调研、专家经验等方法，最终确定 14 个点源的模型参数。

6.3.2 CALPUFF 其他参数设置

本次 CALPUFF 模拟考虑了干沉降和湿沉降，分别得到了相应的文件，干湿沉降参数的设置与《CALPUFF 模型技术方法与应用》一致。

6.4 基于CALPUFF模拟垃圾焚烧排放二噁英对大气环境的影响

大气是半挥发性有机污染物在全球传输的主要途径，并通过干湿沉降进入土壤中。同时，PCDD/Fs 等有机物在气相和颗粒相的迁移和分布也影响着其在大气中的浓度。存在于气相形态中的 PCDD/Fs 更容易受到自由基和光化学作用而被降解。存在于颗粒相中 PCDD/Fs 更加稳定，而且更有可能会随着大气降尘进入陆地和水生生态系统。因此，对二噁英在大气中转化和迁移进行深入研究，对掌握其在各个环境介质中的分布影响具有重要意义。

本书基于已建立的二噁英排放清单，采用 CALPUFF 模式对西南典型区域生活垃圾焚烧厂对周边大气环境的影响进行预测，结果显示，西南地区典型生活垃圾焚烧厂大气中二噁英年均浓度贡献为 $1.88 \times 10^{-10} \sim 1.56 \times 10^{-7}$ ng I-TEQ/m^3，已投产的 14 家企业中除南充市、广安市及遂宁市垃圾焚烧企业周边大气二噁英年均浓度贡献在 $1.00 \times 10^{-8} \sim 2 \times 10^{-8}$ ng I-TEQ/m^3 外，其余 11 家企业周边大气二噁英年均浓度贡献均在 $2 \times 10^{-8} \sim 1.56 \times 10^{-7}$ ng I-TEQ/m^3，其中成都市、眉山市、巴中市、泸州市及西昌市大气污染扩散较为明显。对成都市 A 厂、B 厂及西昌市 K 厂的对照点、最大沉降点、最大落地点提取浓度的结果见表 6-2，结合前文对地面气象站风向风速分析，大气中二噁英分布与全年主导风向基本一致，主要体现在最大落地点均出现高值。因此，二噁英排放不仅与运行时间有关，还与项目所在地地形、气象条件等因素有关。由于我国目前尚未制定环境空气中二噁英浓度标准，参照日本环境空气质量标准（年均值 0.6 pg I-TEQ/m^3），企业周边环境空气中二噁英浓度水平均未超标。图 6-2 为西南典型区域生活垃圾焚烧厂排放二噁英对大气环境质量影响的浓度模拟图。

表 6-2　垃圾焚烧厂周边大气中二噁英模拟年均贡献浓度

运行时间/a	项目名称	规模/（t/d）	点位	预测值 二噁英/（ng I-TEQ/m³）
6.7	成都市 A 厂	3×600	沉降	2.562 1×10⁻⁸
6.7	成都市 A 厂	3×600	落地	1.263 5×10⁻⁷
6.7	成都市 A 厂	3×600	对照	3.621 3×10⁻⁸
5.5	成都市 B 厂	3×600	沉降	2.093 5×10⁻⁸
5.5	成都市 B 厂	3×600	落地	7.954 2×10⁻⁸
5.5	成都市 B 厂	3×600	对照	1.151×10⁻⁸
3.3	西昌市 K 厂	1×600	沉降	6.402 6×10⁻⁸
3.3	西昌市 K 厂	1×600	落地	2.296 2×10⁻⁷
3.3	西昌市 K 厂	1×600	对照	7.570 3×10⁻⁸

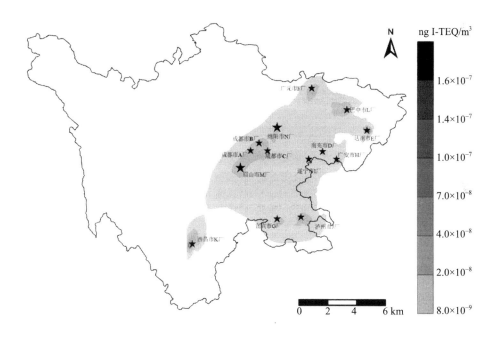

图 6-2　西南典型区域生活垃圾焚烧厂排放二噁英对大气环境质量影响的浓度模拟

6.5　基于CALPUFF模拟垃圾焚烧排放二噁英对土壤富集的影响

垃圾焚烧项目运营期产生的废气主要是焚烧烟气，其中含有的微量重金属、二噁英排入空气后经重力沉降和雨水冲刷等综合作用，可能沉降至厂区周围土壤地面。二噁英类有机物沉降在土壤中，其半衰期可达 12 a 以上，有可能污染土壤。根据研究区域预测的土壤二噁英年均沉降通量以及项目实际运行时间，计算得出项目对土壤环境的总沉降量。西南典型区域生活垃圾焚烧厂土壤年均浓度贡献为 $1.24\times10^{-4}\sim7.07\times10^{-2}$ ng I-TEQ/m^2，其中，成都市、眉山市、广元市、达州市、泸州市及西昌市垃圾焚烧厂土壤富集影响较为明显，年均浓度贡献在 $1.60\times10^{-2}\sim7.07\times10^{-2}$ ng I-TEQ/m^2。图 6-3 为西南典型区域生活垃圾焚烧厂排放二噁英对土壤富集影响的浓度模拟图。

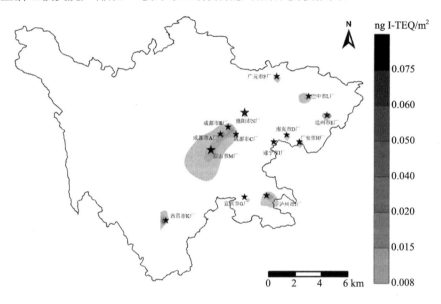

图 6-3　西南典型区域生活垃圾焚烧厂排放二噁英对土壤富集影响的浓度模拟

6.6　CALPUFF模拟结果验证

为分析土壤监测值与二噁英的相关性，本书采用相关系数法对二噁英与模型预测结果进行相关性分析，具体见表 6-3。

表 6-3　不同企业土壤中二噁英监测指标与模型预测值相关性

运行时间/a	项目名称	规模/（t/d）	点位	预测值	监测值
				二噁英/（ng I-TEQ/m²）	二噁英/（ng I-TEQ/kg）
6.7	成都市 A 厂	3×600	沉降	0.787	4.3
6.7	成都市 A 厂	3×600	落地	2.37	4.4
6.7	成都市 A 厂	3×600	对照	5.17	7.5

运行时间/a	项目名称	规模/(t/d)	点位	预测值	监测值
				二噁英/（ng I-TEQ/m³）	二噁英/（ng I-TEQ/kg）
5.5	成都市 B 厂	3×600	沉降	0.199	0.92
5.5	成都市 B 厂	3×600	落地	2.494	1.2
5.5	成都市 B 厂	3×600	对照	2.1	0.8
3.3	西昌市 K 厂	1×600	沉降	0.127	0.31
3.3	西昌市 K 厂	1×600	落地	2.14	0.5
3.3	西昌市 K 厂	1×600	对照	0.421	0.33
相关系数 R					0.706*

注：*在 0.05 水平上显著相关。

　　由表 6-3 可知，3 座垃圾焚烧厂周边土壤中总体模拟及实测值相关系数为 0.706，鉴于采用土壤监测结果验证模型预测准确性的研究较少，本次引用其他文献中大气监测验证的相关系数（0.55～0.90），说明 CALPUFF 模式模拟生活垃圾焚烧项目周边土壤二噁英污染空间分布有一定可信度。

第7章 其他危废及垃圾焚烧项目典型案例分析

7.1 基于复杂地形-气象场的二噁英污染物沉降研究

国内外一些学者，利用不同的空气质量模型、针对不同行业排放二噁英对环境影响展开研究。部分学者采用 ISCST3 或 AERMOD 模型分别对危废及垃圾焚烧厂二噁英排放进行模拟，ISCST3 模拟结果显示二噁英沉降主要集中于项目周围 500 m 范围内[45]。AERMOD 模拟结果显示二噁英的浓度分布主要集中在项目周边土壤[5]。孙博飞等[9]利用CALPUFF 模型研究了河北某钢铁厂烧结机烟气排放对土壤中二噁英浓度的影响。刘鹤欣等[46]采用高斯模型对不同地形地貌、气象条件下的垃圾焚烧进行监测布点研究。张珏等[47]在输送模式（CMAQ）物理化学模块基础上增加气相-颗粒相间分配机制，模拟了长三角地区二噁英在大气中的输送、转化和沉降等演变过程。

从以上成果可知，二噁英扩散研究多集中在生活垃圾与危废焚烧等项目，因该类项目邻避效应明显，为避免引起群体性事件，在我国西南多山地区，项目选址一般为人口稀少的丘陵与山地。而基于这种复杂地形-气象场的二噁英扩散、沉降研究较少，无法为垃圾焚烧等项目的监测布点及环境影响分析提供技术支持。

为解决此问题，本书基于我国西南一处山地区域，针对现有运行多年的垃圾焚烧、医废与危废项目，利用 CALMET 气象模式生成区域三维气象场，通过 CALPUFF 定量预测二噁英的区域分布。然后据此设置二噁英土壤监测点，通过预测数据与监测数据的相关性分析，研究复杂地形-气象场条件下模型模拟污染物扩散的可信性，最终为《环境影响评价技术导则 土壤环境（试行）》（HJ 964—2018）[48]要求的环境监测布点提供技术支撑。

7.1.1　材料与方法

（1）研究区域与对象

本研究区域为我国西南部的某代表性山地，地势北高南低，海拔高度为 150～900 m，整个区域被 2 座山体分割为东、中与西 3 个部分（见图 7-1），预测范围为 30 km×30 km，即图 7-1 中南侧部分，气象站 1# 不在预测范围内；该范围分别建有垃圾焚烧、医废与危废项目，其中垃圾焚烧项目与医废项目紧邻，分布于山脊坡面，海拔较高。危废项目位于生活垃圾焚烧项目西侧 15 km，建于山脚凹地；医废项目建有处理量约 11 000 t/a 的焚烧炉，焚烧炉于 2004 年投产，2016 年年底停产，共运行 13 a，本书主要考虑其正常生产过程中的土壤沉积。垃圾焚烧项目为机械炉排炉，于 2005 年投产，目前生活垃圾处理量为 43.8 万 t/a。危废项目焚烧炉于 2008 年投产，目前处理能力为 1 095 t/a。现有垃圾焚烧、医废与危废项目主要采用"3T+1E"及末端处理（活性炭喷射）控制二噁英的产生与排放，经烟囱外排二噁英浓度能够满足行业对应标准要求。

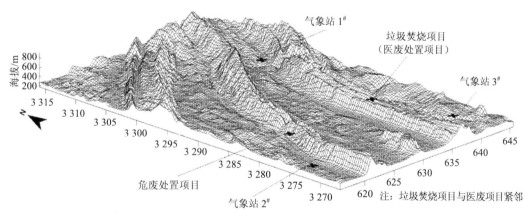

图 7-1　研究区域地形

（2）模型方法

CALPUFF 模式系统是用于模拟污染物输送、转化的预测模式。模式为非稳态三维拉格朗日烟团模式，考虑了时空变化气象场、复杂地形动力学效应以及静风等非稳态条件[49-50]。CALPUFF 模式系统主要包括 CALMET 气象模式、CALPUFF 扩散模式以及一系列前/后处理程序[51]。CALMET 气象模式可将气象（包括地面与高空气象数据）、地形与土地利用等文件数据，通过地形动力学、坡面流、阻塞与质量守恒等作用，分析加权生成三维气象场文件（CALMET.DAT）[52-53]。CALMET 气象模式能较好地反映海风环流、山谷风环流等复杂气象条件，适用于复杂地形-气象场条件下的大气预测。

本书搜集了 2016 年模拟区域内或周围的 3 处地面气象站数据，气象因子包括：风速、风向、相对湿度、降水量、温度与气压等。2016 年各气象站主导风向、风速等与近 20 年气象资料相似，可作为地区代表性气象数据；高空气象数据为中尺度数据大气模式 WRF 模拟提供的三维气象场数据；区域地形资料来自美国地质勘探局（USGS），地形数据精度为 90 m，土地利用类型数据精度为 30 m[54]。本书建模考虑项目坐标及排放高度、烟气温度与流速、二噁英排放量等信息，网格分辨率 300 m，东西向 100 个格点，南北向 100 个格点。

本书定量模拟各项目排放二噁英类污染物对周边环境贡献情况，包括年均浓度（ng I-TEQ/m^3）、沉降通量[ng I-TEQ/（$m^2 \cdot s$）]。由于二噁英类物质化学性质稳定，模拟不考虑其衰变与化学转化，通过项目投产与关停时间，计算项目周围土壤环境中二噁英类物质的多年富集量（ng I-TEQ/m^2），分析污染场地空间分布范围。

（3）土壤中二噁英监测布点及监测方法

本次土壤布点采用 CALPUFF 模式进行优化布点，即根据研究对象的污染物排放清单，结合地形、土地利用与气象等资料，采用 CALPUFF 预测二噁英土壤的干沉降、湿沉降范围，据此进行选择性的监测布点，点位既考虑预测范围内代表性的大值区，也考虑受影响较小的背景值。

根据 CALPUFF 对二噁英沉降的预测结果，本书分散设置 31 个土壤监测点，其中垃圾焚烧与医废项目周边设置 16 个监测点（图 7-2 中 1—16 点位），危废项目周边设置 15 个监测点（图 7-2 中 W1—W15 点位）。

为提高样品代表性，土壤采用五点法采样，取 0～20 cm 表层土进行样品采集，然后对土壤进行混合预处理，采用四分法取得检测样品。土壤中二噁英类物质的检测分析采用国家标准《土壤和沉积物　二噁英类的测定　同位素稀释高分辨气相色谱-高分辨质谱法》（HJ 77.4—2008）[19]，本次分析仪器选取 JMS- 800D 高分辨磁质谱系统。

（4）模型验证方法

模型验证分两部分，一是对 CALMET 模式生成的风场进行分析，二是对模拟和监测数据相关性进行分析。前者主要是结合地形等资料，对风场的合理性进行分析，后者主要是通过皮尔逊相关系数的 *R* 值进行分析说明。

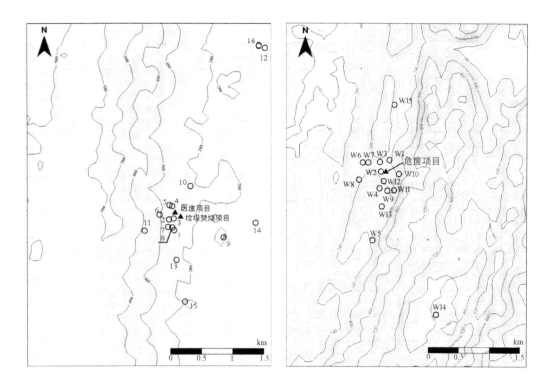

图 7-2　项目周边土壤二噁英监测布点

7.1.2　结果与讨论

（1）复杂地形-气象场分析

污染物扩散主要与项目排放方式、区域地形与气象条件等因素有关，在其他条件确定的前提下，给出合理气象条件将成为模型模拟污染物扩散准确与否的关键。在复杂地形条件下，同一区域不同空间下的风向与风速等气象参数会有明显差异，如果模型不能合理模拟复杂地形-气象场，将会影响污染物的预测结果。

本书搜集了项目附近 3 个地面气象站（图 7-1 中 1#、2# 与 3# 气象站）2016 年的气象资料，采用 CALView 画出全年的风玫瑰图（见图 7-3），说明复杂地形-气象场的特殊性。根据风速对比分析，相比 2# 与 3# 气象站，1# 气象站因地处两山之间的凹地，地势对两侧气流阻隔效应明显，导致风速偏小，且 1# 气象站静风频率也明显大于 3# 与 2# 气象站，即 8.66%（1#）＞3.009%（3#）＞2.845%（2#）；根据风向对比分析，1# 气象站全年主导风向不明显，主要风向以东北风（NE）为主，2# 气象站全年主导风向为北风，这主要是因为 2# 气象站周围地势平坦，东西两侧高地迫使地表气流南北方向流动（2# 气象站西侧高地未在图中显示），加之北侧山地地势较高，人为活动较少，在热通量与地势的共同作用下，形成了由北向南的风场；3#气象站全年主导风向为西北风，风向最为明显，通过地势分析，3#气象站自身地势较高，南部有低矮山丘阻隔，而西南侧地势较低，导致坡面流作用明显，从而形成以西南风为主的风场。对比 3 个气象站气象数据可知，复杂地形条件下同一区域不同地点的风速与风向存在明显差异。

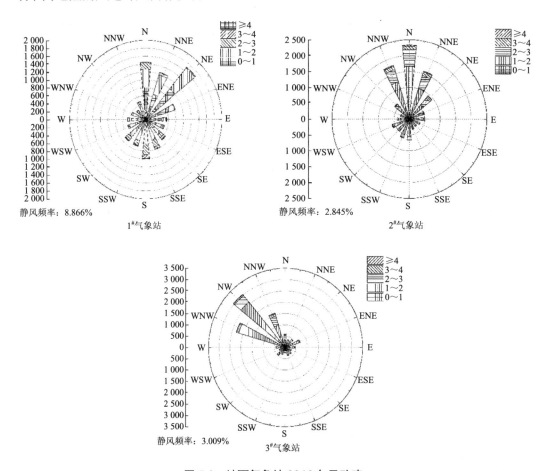

图 7-3　地面气象站 2016 年风玫瑰

CALMET.DAT 文件是 CALMET 气象模式综合地形、土地利用、地面气象资料等数据计算生成的气象场文件，能较为准确地反映复杂气象场特点。本书以 2016 年 3 月 21 日 23：00 的短时风场（见图 7-4）为例，说明 CALMET 气象模式计算生产的复杂地形条件下区域风场图。

由图 7-4 可知，研究范围主要被两座山体分割为东、中与西 3 个区域，不同区域的风速、风向不尽相同。对比风速、风向可知，由于中部山谷区域受两侧山体阻隔，风速较小，风向也因地势的起伏而变化；东部区域北侧海拔较高，南侧有明显谷地风口，风速较大，中间地区因山体环绕，风速较小。风向也因地势差异，体现明显的反差；西部地区地形由北向南逐渐由开阔平坦变为狭窄，在热通量与地势作用下，风向以北风为主（N），风速也随着地势的狭管效应，逐渐变大。危废项目紧邻山体，地势起伏剧烈，对风速与风向形成阻隔，从而出现沿山体方向风速较小的坡面流（WNN）；垃圾焚烧与医废项目由于海拔较高，且地势变化缓慢，地面气流能缓慢跨过山体，风向为东南（SE）。由此可见，CALMET.DAT 中风场文件能够较好地体现区域风向、风速特点，与图 7-3 中 3 个气象站盛行风向有比较高的匹配度，因此有较高可信度。

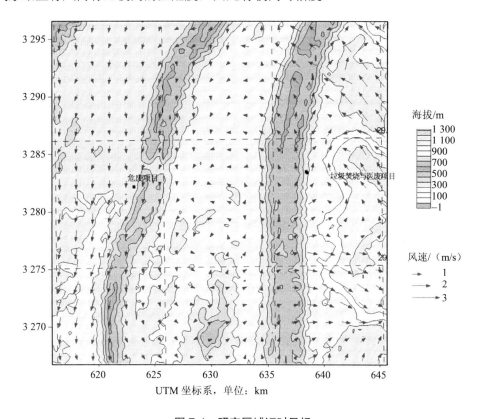

图 7-4 研究区域短时风场

（2）排放二噁英对土壤污染影响分析

研究区域二噁英排放源主要为垃圾焚烧、医废与危废项目，均以有组织形式排放，烟囱高度分别为 60 m、45 m 与 50 m。根据企业统计资料，垃圾焚烧、医废与危废项目的二噁英排放量分别为 $2.84×10^{-7}$ t I-TEQ/a、$4.55×10^{-8}$ t I-TEQ/a、$4.41×10^{-8}$ t I-TEQ/a。本书通过 CALPUFF 模式预测二噁英在周围土壤的沉降累积（见图 7-5，彩色插页）。

根据研究区域预测的土壤二噁英年均沉降通量以及项目实际生产时间，计算得到项目对土壤环境的总沉降量。根据二噁英沉降量预测，区域土壤沉降量为 $0.86×10^{-3}$～$9.84×10^{-1}$ ng I-TEQ/m²，高值区主要集中于厂区四周。危废项目最大沉降量出现在西厂界外，单位区域最大沉降量为 $3.52×10^{-1}$ ng I-TEQ/m²（10 a）；垃圾焚烧与医废项目紧邻，两者共同对周围土壤造成影响，最大沉降量出现在两厂区的西南侧（医废项目南厂界，垃圾焚烧项目西厂界），单位区域最大沉降量为 $9.83×10^{-1}$ ng I-TEQ/m²（两项目运行时间都为 13 a）。对比地面气象站风玫瑰图，土壤二噁英总沉降量（见图 7-5，彩色插页）分布趋势与全年主导风向（见图 7-3）并不完全一致，主要原因为项目所在区域气象场复杂，大气湍流活动明显，影响颗粒态二噁英在大气中扩散方向[55]。由此可见，二噁英在土壤中沉降量不仅与项目二噁英排放量与运行时间有关，还与项目所在地形、气象等因素有关。

（3）模型验证

为验证模型模拟二噁英土壤沉降数据的准确性，本书根据模拟的结果设置二噁英土壤监测点，通过相同点的预测数据与实际监测数据相关性对比，说明模型模拟的可靠性。

土壤中二噁英（PCDD/Fs）检测组分分析结果显示（见图 7-6，彩色插页），除距离较远的 12 号监测点外，医废与垃圾焚烧项目周边土壤中八氯二苯并二噁英（OCDD）是主要贡献单体，占土壤二噁英检测总量的 25%～95%，其次为 1,2,3,4,6,7,8-HpCDD 和 1,2,3,4,6,7,8-HpCDF，占检测总量的 2%～34%；危废项目八氯二苯并二噁英（OCDD）也为主要贡献单体，占土壤二噁英检测总量的 43%～97%，其次为 1,2,3,4,6,7,8-HpCDD 和 1,2,3,4,6,7,8-HpCDF（W4、W7 除外），占检测总量的 1%～24%，说明两项目周边土壤中二噁英 17 种有毒异构体显示出相似的指纹特征，并与雷鸣等[56]研究的焚烧炉烟气中 OCDD 比例最高，其次为 1,2,3,4,6,7,8-HpCDF 的结果相近。

根据二噁英监测值与对应监测点预测数据（见图 7-7），土壤中二噁英含量范围为 0.11～2.3 ng I-TEQ/kg（剔除垃圾焚烧 1# 监测点的异常值），预测沉降量为 0.02～0.95 ng I-TEQ/m²。对比两区域的二噁英监测值，垃圾焚烧与医废项目周边监测平均值为 1.90 ng I-TEQ/kg，大于危废项目的 0.87 ng I-TEQ/kg，这与模型预测趋势一致，即：0.45 ng I-TEQ/m²（垃圾焚烧）>0.12 ng I-TEQ/m²（危废项目）；垃圾焚烧项目监测较大值为 2、3、4、5、7、8 点位的监测值（大于 1 ng I-TEQ/kg），均分布于厂区周边，这与模型预测结果基本一致。危废项目监测较大值为 W7、W11 与 W12（大于 1 ng I-TEQ/kg），其中 W12 紧邻厂界南侧，另外两点分布于厂界外东南到西北的直线上，与模型预测结果不完全一致。

为进一步对比土壤监测值与模型模拟沉降量的相关性，采用 R（相关系数）统计分析，经计算，医废与垃圾焚烧项目 $R=0.854$，危废项目 $R=0.287$。鉴于采用土壤监测结果验证模型预测准确性的研究较少，本次引用其他文献中大气监测验证的相关系数（0.55～0.90）[57-59]，说明 CALPUFF 模式模拟医废与垃圾焚烧项目周边土壤二噁英污染空间分布有一定可信度，而危废项目周边土壤监测与模拟结果相关性不强，这可能与危废项目设计规模小、投产时间短，二噁英排放总量小，土壤中的二噁英在外环境的干扰下，不能充分体现危废项目影响有关。

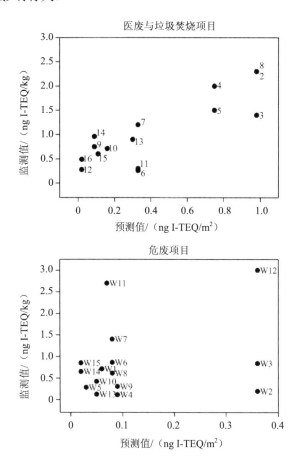

图 7-7　土壤中二噁英监测值与对应监测点预测数据分布情况

（4）不确定性分析

研究区域多为山地、农田与荒地，部分因素（秸秆焚烧、除草剂使用等）对土壤中二噁英浓度有干扰，监测过程中土壤吸附导致的提取不充分、容器壁吸附、检出限值等，导致二噁英监测值出现异常。

预测模式输入的污染排放源强采用单次实际监测值，不能完全代表危废、医废与垃圾焚烧项目的长期二噁英排放量；模型预测土壤沉降、富集过程中，未考虑二噁英的衰减与其他因素影响，预测结果有一定不确定性。

7.1.3 结论

复杂地形-气象场条件下，同一区域不同空间下的风向与风速将会出现明显差异。CALMET 模块可结合地形数据、土地利用数据与地面气象数据等，计算得到可信度较高的气象场文件，可用于预测复杂地形-气象场条件下污染物的传输和扩散。

模型预测结果显示，在复杂地形-气象场条件下，垃圾焚烧、医废与危废项目排放二噁英在土壤中的沉降位置、方向与全年主导风向不完全一致，沉降高值区主要集中在厂区四周，土壤最大沉降量为 9.84×10^{-1} ng I-TEQ/m^2。

本书对比土壤监测值与模型模拟沉降量的相关性，统计计算相关系数分别为 $R=0.854$（医废与垃圾焚烧项目）与 $R=0.287$（危废项目），说明在二噁英排放总量较高的医废与垃圾焚烧项目周边，CALPUFF 模型模拟的二噁英类物质沉降量与实际监测数据有较强的相关性，而排放总量较小的危废项目模拟值与实测值相关性不强。该模型能够为该类项目在复杂地形-气象场条件下的监测优化布点及环境影响分析提供技术支持。

7.2 基于不同空气质量模型的二噁英沉降效果研究

AERMOD、ADMS 和 CALPUFF 是我国最新发布的《环境影响评价技术导则　大气环境》（HJ 2.2—2018）[60]推荐的空气质量法规模型。

为了解空气质量模型的模拟效果，验证模型成为科研人员在模型开发后重点关注的问题[61]。利用环境监测资料与模拟结果进行比对是较为常用的方法，现有的验证研究多与环境空气监测数据比对，但由于气象条件多变，空气中的采样点不易确定位置，而且需要多次采样，费用高、耗时长，缺点明显。对于某些涉及沉降的污染物，可以利用土壤监测值进行验证研究，该方法涉及的土壤采样往往不受时间限制，也可以提前进行布点。关于 AERMOD、ADMS 和 CALPUFF 在空气污染物模拟效果上的研究已广泛开展，验证结果均能接受[62]，但尚未采用土壤监测值来验证三个模型的干湿沉降效果。

本书以我国西南某山地为研究区域，将利用 AERMOD、ADMS 和 CALPUFF 预测该区域医废和垃圾焚烧项目排放的二噁英的环境影响，结合土壤监测数据进行 AERMOD、

CALPUFF 和 ADMS 的沉降模拟结果的验证分析，找出适合模拟该地区二噁英沉降的优势模型，同时为复杂地形-气象场条件下的空气质量模型评估验证提供一种新的思路。

7.2.1　研究方法

（1）研究区域、对象和监测方案

研究区域为我国西南地区某山地，预测范围为 15 km×15 km，海拔高度为 160～670 m，预测范围内建有医废和垃圾焚烧项目，2 个项目距离较近，均位于山坡上，海拔较高，周边共有 3 个气象站（见图 7-8），项目具体信息见表 7-1。

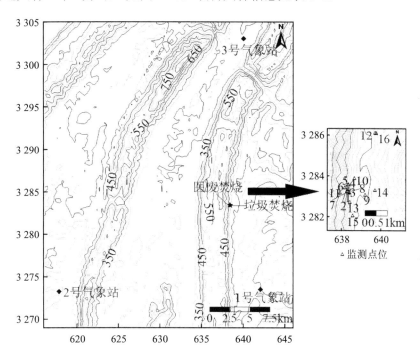

图 7-8　研究区域地形和二噁英土壤监测布点

表 7-1　项目信息

项目	X/km	Y/km	烟囱高度/m	海拔高度/m	烟气出口温度/℃	烟囱内径/m	烟气流速/（m/s）	排放强度/（t I-TEQ/a）	运行时间/a
医废	638.41	3 283.48	45	327.44	147	2.47	8	$4.55×10^{-8}$	13
垃圾	638.50	3 283.41	60	309.44	160	3.25	8	$2.84×10^{-7}$	13

研究采样点和采样频次参考了《土壤环境监测技术规范》（HJ/T 166—2004）[63]，共分散设置 16 个土壤监测点（见图 7-8）。土壤样品的采集检测过程中，以五点法采集样品，

混合预处理样品后，以四分法获取所需检测样品，样品的检测分析采用《环境空气和废气 二噁英类的测定 同位素稀释高分辨气相色谱-高分辨质谱法》（HJ 77.2—2008）[64]。

（2）模型数据

大气中二噁英主要附着于固相颗粒中，其中小粒径颗粒物中的二噁英占比大[65-66]。相关研究指出，小粒径颗粒物的扩散情况相似，在实际粒径信息缺乏的情景下，部分小粒径颗粒物可归为一类考虑[67]。有关研究指出，PM_{10}可作为二噁英模拟过程的载体[6]。本书由于没有对颗粒物粒径进行实际测量，且两个项目均有布袋除尘设施，除尘率较高，颗粒物排放以PM_{10}为主，因此假定二噁英附着在PM_{10}上。关于矫正系数，焚烧秸秆、喷洒农药等因素的影响研究较少，对此尚处在资料收集过程中；由于医废焚烧厂已停产，不能实现长期监测，排放量难以矫正，相关影响因素对模型模拟结果的影响无法确定，暂时难以采用矫正系数来优化控制质量模型。由于二噁英结构非常稳定，本书不考虑二噁英化学反应，AERMOD、ADMS和CALPUFF的相关模型数据来源见表7-2。

表7-2 模型数据来源

模型	地面气象（2016年）	高空气象（2016年）	地形	地表参数	土地利用类型
AERMOD	1号气象站	中尺度数值模式WRF[68]	美国地质勘探局（USGS），数据精度为90 m[69]	AERSURFACE在线服务系统[54]	—
ADMS	1号气象站			—	—
CALPUFF	1号、2号、3号气象站			—	30 m高分辨率土地利用数据[70]

注：因模型设置有部分区别，"—"表示模型未输入一系列值。

（3）验证方法

环境空气质量模型的验证主要采用模型验证案例法、模型比较法等。本书使用模型验证案例法展开验证，以土壤监测值与模型模拟值的相关系数R作为模型验证的统计指标，相关系数R的计算公式如下：

$$R=\frac{\sum_{i=1}^{n}(O_i-\overline{O})(M_i-\overline{M})}{\sqrt{\sum_{i=1}^{n}(O_i-\overline{O})^2}\sqrt{\sum_{i=1}^{n}(M_i-\overline{M})^2}} \qquad (7-1)$$

式中，O_i为土壤实际监测值，$\overline{O}$为其平均值；M_i为模型模拟的沉降量，$\overline{M}$为其平均值；

n 为采样点数量。

7.2.2　结果与讨论

（1）排放二噁英对空气污染影响分析

研究通过 AERMOD、ADMS 和 CALPUFF 模拟二噁英在整个区域空气中的扩散情况（见图 7-9，彩色插页），各模型整个区域空气中的年均浓度模拟结果的值见表 7-3。

表 7-3　各模型整个区域空气中二噁英年均浓度模拟结果　　　单位：ng I-TEQ/m³

项目	AERMOD	ADMS	CALPUFF
最小值	1.53×10^{-8}	5.23×10^{-9}	2.66×10^{-9}
最大值	4.14×10^{-6}	3.28×10^{-6}	2.59×10^{-7}
平均值	1.16×10^{-7}	6.66×10^{-8}	1.89×10^{-8}

模拟结果显示：三个模型模拟的空气中二噁英的扩散情况存在一定差异，ADMS 模拟的浓度高值区更接近污染源，AERMOD 和 CALPUFF 的浓度高值区均偏向污染源的西南侧；模型模拟浓度低值区，AERMOD 和 ADMS 的扩散较为相似，呈块状分布，而 CALPUFF 则呈带状分布；浓度高值区向低值区的过渡阶段，AERMOD 和 ADMS 的扩散较为集中，主要在污染源周边扩散，其中 ADMS 的扩散呈西北—东南走向的椭圆形分布，而 AERMOD 的扩散主要沿着 460 m 左右的山体带状分布，CALPUFF 的扩散整体呈南北走向的带状并且向西分布，过渡阶段主要由污染源所在山体向更高的山体扩散。由表 7-3 的统计结果来看：AERMOD、ADMS 和 CALPUFF 模拟的年均浓度依次为 $1.53 \times 10^{-8} \sim$ 4.14×10^{-6} ng I-TEQ/m³、$5.23 \times 10^{-9} \sim 3.28 \times 10^{-6}$ ng I-TEQ/m³ 和 $2.66 \times 10^{-9} \sim 2.59 \times 10^{-7}$ ng I-TEQ/m³。三个模型的年均浓度模拟结果的范围和平均值均有所差异，AERMOD 的最大，ADMS 次之，CALPUFF 最小。经对比相关环境空气监测结果发现，本书中模型的模拟结果量级相对偏小，原因可能是模拟过程中输入的污染物排放源强为单次监测值，不能充分代表项目二噁英的长期排放量；加之研究区域气象场复杂，大气运动随机变化，模型难以充分还原气象场变化，种种局限导致了模拟结果与相关环境空气监测结果的差异。

就研究区域的二噁英年均浓度分布结果来看，CALPUFF 与 AERMOD、ADMS 的扩散形态存在较大差异，AERMOD 和 ADMS 的扩散形态的差异相对较小，该结论与王栋成等[72]的研究结论一致。对于扩散形态和量级的差异性，考虑与三个模型对风场的处理有关。三个模型均考虑了风速随高度的变化，AERMOD 和 ADMS 都假设风向恒定，唯有 CALPUFF 考虑了风向随高度的变化。同时，CALPUFF 对于风场的处理考虑了地形动力学效应、坡面流、地形阻塞效应。另外，由于 ADMS 采用 FLOWSTAR 模式来计算小尺度地形上空流场和湍流场，也导致了与 AERMOD 在扩散形态和量级上存在一定差异，尤其是扩散形态上。本研究区域作为复杂地形，风场变化复杂，且 CALPUFF 与其他两个模型在气象参数输入上最显著的差异是该模型使用了 3 个气象站的数据，导致二噁英空气中年均扩散结果的差异性。

（2）排放二噁英对土壤污染影响分析

本书共有 16 个二噁英土壤监测点位，监测结果见表7-4。利用三个模型对应模拟了相应点位的二噁英土壤沉降值，考虑模拟的二噁英土壤年均沉降通量[ng I-TEQ/（$m^2 \cdot a$）]和医废与垃圾焚烧项目实际运行时间（两个项目均为 13 a），累计计算得到医废和垃圾焚烧项目的土壤总沉降量（ng I-TEQ/m^2），模拟过程中干湿沉降均考虑。沉降模拟过程中，三种模型均假设二噁英附在 PM_{10} 上，模拟了相应点位的二噁英土壤沉降（见图 7-10，彩色插页），具体结果见表7-5。

表 7-4 各点位二噁英土壤监测值　　　　　　　　　　　　单位：ng I-TEQ/kg

点位	监测值	点位	监测值	点位	监测值	点位	监测值
1	15.00	5	1.50	9	0.75	13	0.90
2	2.30	6	0.26	10	0.71	14	0.96
3	1.40	7	1.20	11	0.30	15	0.60
4	2.00	8	2.30	12	0.28	16	0.49

表 7-5 各模型监测点位二噁英土壤沉降模拟结果　　　　　　单位：ng I-TEQ/m^2

点位	AERMOD	ADMS	CALPUFF	点位	AERMOD	ADMS	CALPUFF
1	141.52	142.72	1.35	9	119.75	92.60	0.11
2	168.28	171.80	1.35	10	44.32	38.82	0.19
3	285.72	268.02	1.35	11	50.64	45.95	0.38
4	132.97	131.65	0.98	12	4.41	3.07	0.02
5	102.29	105.55	0.98	13	48.26	42.09	0.35
6	82.75	89.96	0.38	14	26.32	20.64	0.10
7	126.36	132.76	1.35	15	25.10	19.15	0.13
8	155.92	159.88	1.35	16	4.43	3.08	0.02

模拟结果显示：依照土壤监测点位的分布模拟，AERMOD 和 ADMS 的结果整体向东南方向沉降，其中 ADMS 的结果分布更为密集，CALPUFF 的结果则主要向西沉降，同时向南北方向延伸。表 7-5 显示：固定点位模拟的情景下，CALPUFF 的土壤沉降模拟与 AERMOD、ADMS 的土壤沉降模拟在量级上表现出较大区别，虽然与空气中年均浓度的量级排序特征相似，CALPUFF 的土壤沉降量级依旧是三者中最小，但是其他两个模型的土壤沉降模拟比 CALPUFF 的土壤沉降模拟大了 2~3 个量级；AERMOD 和 ADMS 的固定点位土壤沉降模拟量级趋于一致。1—8 号点位距离污染源较近，9—16 号点位距离污染源较远，CALPUFF 在 1—8 号点位模拟的土壤总沉降量都大于或等于 9—16 号点位的模拟值，AERMOD 除去 5、6 号点位，ADMS 除去 6 号点位，剩余点位模拟的土壤总沉降量都大于 9—16 号点位的模拟值。此外，尽管 AERMOD 和 ADMS 模拟的固定点位土壤总沉降量量级相似，但是在 1—8 号点位，除去 3、4 号点位，AEROMD 的模拟值都小于 ADMS 的模拟值，在 9—16 号点位则出现了相反的情况，AEROMD 的模拟值都大于 ADMS 的模拟值。

有关研究发现，颗粒物干沉降对 AERMOD 模拟结果的影响较大，对 CALPUFF 的模拟结果影响较小[71]。目前对于 ADMS 在沉降上的研究较少。对于模拟二噁英土壤总沉降量的不同，可能与三种模型对风速、稳定度和沉降分数计算有关，Tartakovsky 等[72]在平坦地形进行了 AERMOD 和 CALPUFF 的干沉降研究，得出类似结论。AERMOD 和 ADMS 将污染物的扩散当作烟羽处理，CALPUFF 则处理为烟团；AERMOD 和 ADMS 模拟过程中以山坡上羽流中心线的高度变化作为地形的变化，而 CALPUFF 的模拟过程则将地形变化处理为近似水平；又由于 ADMS 对流场和湍流场的特殊处理方式，加上研究区域气象场复杂，风速多变，从而导致了最终的结果。

（3）模型验证

为验证模型模拟二噁英土壤沉降的效果，本书对比模型模拟数据与实际监测数据相关性，来进行模型验证，以此说明模型的准确性。对于 1—16 号点位的实际监测数据，经过对比发现 1 号点位的实际监测值明显异常，因此在相关性分析中剔除 1 号点位的值，各模型的相关系数 R 见表 7-6。

表 7-6 三种模型的 R 值对比

统计指标	AERMOD	ADMS	CALPUFF
R	0.66**	0.70**	0.83**

注：**表示在 0.01 水平上（双侧）显著相关。

由表 7-6 可以发现：三种模型的模拟数据与实际监测数据的相关系数均较好，且都通过了显著性检验，其中 CALPUFF 的相关系数最佳，达到了 0.83。尽管在二噁英土壤总沉降量上 CALPUFF 与 AERMOD、ADMS 存在较大差异，但是由于其相关系数更佳，说明 CALPUFF 对二噁英沉降的空间分布的模拟是可接受的。由于未进行二噁英土壤背景值监测，具体哪种模型在量级上的模拟更具备参考性本书不做具体分析，但是与土壤中污染物的监测值比对不失为一种新的空气质量模型验证方法。因我国生活垃圾、固体废物、医疗废物等产量逐年增加，而垃圾焚烧可有效减少堆积量，焚烧厂的建立已是大势所趋，二噁英的排放量也必将由此增多，CALPUFF 在模拟二噁英沉降的空间分布上的优势，令该模型可作为排放类似沉降污染物项目的选址、布点采样等工作的辅助模型。

7.2.3 结论

根据三种模型的模拟结果，量级上，CALPUFF 的结果始终最小，AERMOD 和 ADMS 的结果在空气浓度上有差异，土壤沉降量上一致性较好；空间分布上，CALPUFF 模拟的空气和土壤中的二噁英整体往西输送，AERMOD 和 ADMS 的模拟空气中浓度分布依旧有差异，模拟的土壤中的二噁英则整体向东南沉降。从土壤中二噁英的监测值和模拟的二噁英总沉降量的相关性来看，CALPUFF 的相关系数最大（0.83），相关性最好，尽管模拟的量级较小，还是可以判断 CALPUFF 对模拟复杂地形-气象场条件下二噁英土壤沉降的空间分布具备参考价值，且结合土壤监测数据的模型验证评估有一定的可行性。基于焚烧法逐渐成为城市生态文明建设的重要手段，以及"邻避效应"的愈发严重，因此可采用 CALPUFF 为类似焚烧项目的选址、建成后的定点监测提供技术支撑。

第8章 结论及建议

焚烧法因其减量化和资源化的优势，逐渐成为我国垃圾处理的主要方法，但生活垃圾焚烧厂焚烧过程中产生的二噁英类污染物具有毒性强、生物累积性等特点。国内外研究者针对垃圾焚烧厂等排放二噁英对环境影响开展了大量研究，但有关垃圾焚烧厂二噁英排放清单、二噁英模拟预测及验证等相关研究较少。在这种情况下，本书选取了西南典型区域垃圾焚烧厂为研究对象，对垃圾焚烧厂烟气及周边各环境介质污染特征进行调查研究，并开展模拟及验证研究，得出以下主要结论：

（1）复杂地形-复杂气象场条件下，同一区域不同空间下的风向与风速将会出现明显差异，二噁英在土壤中的沉降会随地形出现区域化差异，所以合理选取预测模型对分析二噁英在土壤中的分布至关重要。

（2）垃圾焚烧排放的二噁英通过大气扩散沉降对周边土壤造成污染，同时二噁英在土壤中具有累积性，二噁英会随着时间的增加在土壤不断累积使得土壤中二噁英含量不断升高。

（3）对成都市典型垃圾焚烧厂周边表层土壤样品中二噁英监测值进行分析的结果表明，PCDFs 的毒性当量浓度贡献率要高于 PCDDs，PCDFs 毒性当量浓度平均贡献率占比达到 55%。2,3,4,7,8-PeCDF 对总毒性当量贡献最高。聚类分析结果表明，Cd、Hg、Pb、Cu、Zn 与部分 PCDFs 具有良好相关性，位于同一聚类，采集此类金属可作为示踪剂来表征 PCDFs 来源。定期开展成都垃圾焚烧厂周围土壤 Cd、Hg、Pb、Cu、Zn 监测，了解此类金属土壤含量的变化趋势，可为土壤二噁英类污染提供预警。

（4）本书基于已建立的二噁英排放清单采用 CALPUFF 模式对西南典型区域垃圾焚烧厂周边大气环境影响进行预测，结果显示，研究区域垃圾焚烧厂大气二噁英年均浓度贡献为 $1.88 \times 10^{-10} \sim 1.56 \times 10^{-7}$ ng I-TEQ/m³。其中，成都市、眉山市、巴中市、泸州市及西昌市大气污染扩散较为明显。对成都市 A 厂、B 厂及西昌市 K 厂的对照点、最大沉降点、最大落地点二噁英提取浓度的结果与前文对地面气象站风向风速分析，大气中二噁英分布与全年主导风向基本一致，主要体现在最大落地点均出现高值。由于我国目前尚未制定环境空气中二噁英浓度标准，参照日本环境空气质量标准（年均值 0.6 pg I-TEQ/m³），企业周边环境空气中二噁英浓度水平均未超标。

（5）根据研究区域预测的土壤二噁英年均沉降通量以及垃圾焚烧项目实际运行时间，计算得出项目对土壤环境的二噁英总沉降量。研究区域垃圾焚烧厂对土壤二噁英年均浓度贡献为 $1.24×10^{-4}$～$7.07×10^{-2}$ ng I-TEQ/m²，部分地区垃圾焚烧厂土壤富集影响较为明显。

（6）西南典型区域 3 座垃圾焚烧厂周边土壤中二噁英总体模拟及实测值相关系数为 0.706。说明 CALPUFF 模式模拟生活垃圾焚烧项目周边土壤二噁英污染空间分布有一定可信度。

（7）本书提出的二噁英数值模拟方法，不仅适用于成都、西昌等西南典型区域垃圾焚烧厂，还可用于模拟其他区域的垃圾焚烧厂、危废焚烧[73]、钢铁厂烧结机[9]排放二噁英影响等，取得了较好的效果。

参考文献

[1] 国家统计局. 中国环境统计年鉴 2019[M]. 北京：中国统计出版社，2019.

[2] 吕亚辉，黄俊，余刚，等. 中国二噁英排放清单的国际比较研究[J]. 环境污染与防治，2008（6）：71-74.

[3] 刘淑芬，田洪海，任玥，等. 我国二噁英污染水平和环境归趋模拟[J]. 环境科学研究，2010，23（3）：261-265.

[4] 齐丽，周志广，许鹏军，等. 北京地区二噁英类的环境多介质迁移和归趋模拟[J]. 环境科学研究，2012，25（5）：543-548.

[5] 刘帅，张震，宋国君，等. 北京某垃圾焚烧厂二噁英多介质扩散风险评估[J]. 中国公共卫生，2018（9）：1224-1228.

[6] 李煜婷，金宜英，刘富强. AERMOD 模型模拟城市生活垃圾焚烧厂二噁英类物质扩散迁移[J]. 中国环境科学，2013，33（6）：985-992.

[7] 王奇. 危险废物焚烧厂二噁英排放的环境分布及健康风险评估研究[D]. 杭州：浙江大学，2014.

[8] 张珏，孟凡，何友江，等. 长江三角洲地区大气二噁英类污染物输送-沉降模拟研究[J]. 环境科学研究，2011，24（12）：1393-1402.

[9] 孙博飞，伯鑫，张尚宣，等. 钢厂烧结机烟气排放对土壤二噁英浓度的影响[J]. 中国环境科学，2017，37（11）：4222-4229.

[10] 王超，陈彤，王奇，等. 气象条件对点源排放二噁英模拟的影响规律研究[J]. 环境污染与防治，2017，39（1）：82-87.

[11] Liu H M，Lu S Y，Buekens A G，et al. Baseline soil levels of PCDD/Fs established prior to the construction of municipal solid waste incinerators in China[J]. Chemosphere，2012，86（3）：300-307.

[12] Han Y，Xie H，Liu W，et al. Assessment of pollution of potentially harmful elements in soils surrounding a municipal solid waste incinerator，China[J]. Frontiers of Environmental Science & Engineering，2016，10（6）：129-139.

[13] 黄晨，林晓青，李晓东，等. 典型行业周边土壤中二噁英浓度分布特性研究[J]. 环境污染与防治，2018，40（6）：693-697.

[14] 黄锦琼. 南方某垃圾焚烧厂周边环境中二噁英和重金属的污染特征及风险评价研究[D]. 广州：仲恺农业工程学院，2017.

[15] 郭彦海，孙许超，张士兵，等. 上海某生活垃圾焚烧厂周边土壤重金属污染特征、来源分析及潜在生态风险评价[J]. 环境科学，2017，38（12）：5262-5271.

[16] Zhou T，Bo X，Qu J B，et al. Characteristics of PCDD/Fs and metals in surface soil around an iron and steel plant in north China Plain[J]. Chemosphere，2019，216：413-418.

[17] 成都市统计局. 2017 年成都市主要人口数据公告. 成都统计公众信息网.

[18] 田飞，伯鑫，薛晓达，等. 基于复杂地形-气象场的二噁英污染物沉降研究[J]. 中国环境科学，2019，39（4）：1678-1686.

[19] HJ 77.4—2008 土壤和沉积物 二噁英类测定同位素稀释高分辨气相色谱-高分辨质谱法[S].

[20] GB/T 22105.2—2008 土壤质量 总汞、总砷、总铅的测定 原子荧光法 第 2 部分：土壤中总砷的测定[S].

[21] HJ 803—2016 土壤和沉积物 12 种金属元素的测定王水提取-电感耦合等离子体质谱法 [S].

[22] 唐文春，金立新，周雪梅. 成都市土壤中元素地球化学基准值研究及其意义[J]. 物探与化探，2005（1）：71-83.

[23] Cheng P S，Hsu M S，Ma E，et al. Levels of PCDD/Fs in ambient air and soil in the vicinity of a municipal solid waste incinerator in Hsinchu[J]. Chemosphere，2003，52（9）：1389-1396.

[24] 穆乃花. 生活垃圾焚烧厂周围环境介质中二噁英分布规律及健康风险研究[D]. 兰州：兰州交通大学，2014.

[25] 张振全. 南方典型生活垃圾焚烧厂周边环境介质中二噁英含量水平及特征研究[D]. 兰州：兰州交通大学，2013.

[26] Leung A，Luksemburg W J，Wong A S，et al. Spatial distribution of polybrominated diphenyl ethers and polychlorinated dibenzo-*p*-dioxins and dibenzofurans in soil and combusted residue at Guiyu，an electronic waste recycling site in southeast China[J]. Environmental Science & Technology，41（8）：2730-2737.

[27] Domingo，Schuhmacher J L，Muller M，et al. Evaluating the environmental impact of an old municipal waste incinerator：PCDD/F levels in soil and vegetation samples[J]. Journal of Hazardous Materials，2000，76（1）：1-12.

[28] Lorber M. Relationships between dioxins in soil，air，ash，and emissions from a municipal solid waste incinerator emitting large amounts of dioxins[J]. Chemosphere，1998，37（9-12）：2173-2197.

[29] Oh J E，Choi S D，Lee S J，et al. Influence of a municipal solid waste incinerator on ambient air and soil PCDD/Fs levels[J]. Chemosphere，2006，64（4）：579-587.

[30] Ogura I. Congener-specific characterization of PCDDs/PCDFs in atmospheric deposition：comparison of profiles among deposition，source，and environmental sink[J]. Chemosphere，2001，45（2）：173-183.

[31] 巢玲玲，张丽丽，王洪妮，等. 不同生产工艺对农药2,4-滴产品中二噁英类的影响[J]. 农药，2017，56（3）：174-175，192.

[32] Conesa J A，Rey L，Egea S，et al. Pollutant formation and emissions from cement kiln stack using a solid recovered fuel from municipal solid waste[J]. Environmental Science & Technology，2011，45（13）：5878-5884.

[33] Jin Y Q，Liu H M，Li X D，et al. Health risk assessment of PCDD/Fs emissions from municipal solid waste incinerators（MSWIs） in China[J]. Environmental Technology，2012，33（22）：2539-2545.

[34] 杨潞，张玉，张智，等. 规模化猪场灌区土壤重金属污染特征及风险评价——以重庆市某种猪场为例[J]. 农业环境科学学报，2018，37（10）：2166-2174.

[35] 李建新，严建华，池涌，等. 垃圾焚烧飞灰重金属含量与渗滤特性分析[J]. 环境科学学报，2004（1）：168-170.

[36] He B，Liang L，Jiang G. Distributions of arsenic and selenium in selected Chinese coal mines[J]. Science of the Total Environment，2002，296（1-3）：19-26.

[37] 杨艳，吴攀，李学先，等. 贵州织金县贯城河上游煤矿区富硒高镉土壤重金属的分布特征及生态风险评价[J]. 生态学杂志，2018，37（6）：1797-1806.

[38] 冯经昆. 西南山区某垃圾焚烧厂周边土壤重金属空间分布及其污染评价[D]. 桂林：广西师范大学，2014.

[39] Gilbert E，Dodoo D K，Okai-Sam F，et al. Characterization and source assessment of heavy metals and polycyclic aromatic hydrocarbons（PAHs） in Sediments of the fosu lagoon，Ghana[J]. Journal of Environmental Science and Health，Part A，2006，41（12）：2747-2775.

[40] 朱礼学，刘志祥，陈斌. 四川成都土壤地球化学背景及元素分布[J]. 四川地质学报，2004（3）：159-164.

[41] Lv J，Liu Y，Zhang Z，et al. Multivariate geostatistical analyses of heavy metals in soils：Spatial multi-scale variations in Wulian，Eastern China[J]. Ecotoxicology and Environmental Safety，2014，107：

140-147.

[42] 赵曦，黄艺，李娟，等. 大型垃圾焚烧厂周边土壤重金属含量水平、空间分布、来源及潜在生态风险评价[J]. 生态环境学报，2015，24（6）：1013-1021.

[43] Bretzel F C，Calderisi M. Contribution of a municipal solid waste incinerator to the trace metals in the surrounding soil[J]. Environmental Monitoring & Assessment，2011，182（1-4）：523-533.

[44] 李富华. 成都平原农用土壤重金属污染现状及防治对策[J]. 四川环境，2009，28（4）：60-64.

[45] 王坚. 基于 ISCST3 模型的危险废物焚烧设施累积性环境影响分析[J]. 科技创新导报，2013，（30）：38-42.

[46] 刘鹤欣，罗锐，冉小鹏，等. 采用高斯模型的垃圾焚烧污染物环境监测及布点[J]. 西安交通大学学报，2015，49（5）：147-154.

[47] 张珏，孟凡，何友江，等. 长江三角洲地区大气二噁英类污染物输送-沉降模拟研究[J]. 环境科学研究，2011，24（12）：1393-1402.

[48] HJ 964—2018 环境影响评价技术导则 土壤环境（试行）[S].

[49] 伯鑫，王刚，温柔，等. 京津冀地区火电企业的大气污染影响[J]. 中国环境科学，2015，35（2）：364-373.

[50] 伯鑫，丁峰，徐鹤，等. 大气扩散 CALPUFF 模型技术综述[J]. 环境监测管理与技术，2009，21（3）：9-13，47.

[51] Scire J S，Strimaitis D G，Yamartino R J. A user's guide for the CALMET dispersion model（Version 5）[M]. Concord，MA：Earth Tech，2000：1-332.

[52] Yim S H L，Fung J C H，Lau A K H. Use of high-resolution MM5/CALMET/CALPUFF system：SO_2 apportionment to air quality in Hong Kong[J]. Atmospheric Environment，2010，44：4850-4858.

[53] Scire J S，Robe F，Fernau M，et al. A user's guide for the CALMET meteorological model[J]. Concord：Earth Tech Inc，2000：21-57.

[54] 伯鑫，王刚，田军，等. AERMOD 模型地表参数标准化集成系统研究[J]. 中国环境科学，2015，35（9）：2570-2575.

[55] 孔佑花，张金贵，张少伟，等. 河谷型城市风场及污染物扩散的 CFD 数值仿真[J]. 环境科学研究，2018，31（3）：450-456.

[56] 雷鸣，海景，程江，等. 小型生活垃圾热处理炉二噁英和重金属的排放特征[J]. 中国环境科学，2017，37（10）：3836-3844.

[57] EPA. A Comparison of CALPUFF with ISC3[M]. North Car-olina：Office of air quality planning and

standards Research Triangle Park，1998：1-10.

[58] 张雯婷，王雪松，刘兆荣，等. 贵阳建筑扬尘 PM$_{10}$ 排放及环境影响的模拟研究[J]. 北京大学学报（自然科学版），2010，46（2）：258-264.

[59] 薛文博，王金南，杨金田，等. 淄博市大气污染特征模型模拟及环境容量估算[J]. 环境科学，2013，34（4）：1264-1269.

[60] HJ 2.2—2018　环境影响评价技术导则　大气环境[S].

[61] 丁峰，赵越，伯鑫. ADMS 模型参数的敏感性分析[J]. 安全与环境工程，2009，16（5）：25-29.

[62] 寿幼平，乔建哲，徐静. 颗粒物干沉降对 AERMOD 模型预测大气污染的影响[J]. 气象与环境学报，2012，28（4）：16-21.

[63] HJ/T 166—2004　土壤环境监测技术规范[S].

[64] HJ 77.2—2008　环境空气和废气　二噁英类的测定　同位素稀释高分辨气相色谱-高分辨质谱法[S].

[65] Kurokawa Y，Matsueda T，Nakamura M，et al. Characterization ofnon- ortho coplanar PCBs，polychlorinated dibenzo-*p*-dioxins and dibenzofurans in the atmosphere[J]. Chemosphere，1996，32（3）：491-500.

[66] Hippelein M，Kaupp H，Dörr G，et al. Baseline contamination assessment for anew resource recovery facility in Germany part II：atmospheric concentrations of PCDD/F[J]. Chemosphere，1996，32（8）：1605-1616.

[67] USEPA. Human health risk assessment protocol for hazardous waste combustion facilities[EB/OL]. http：//www.epa.gov/osw/hazard/tad/td/combust/risk.htm[2015-08-17].

[68] Skamarock W C，Klemp J B. A time-splitnonhydrostatic atmospheric model for weather research and forecasting applications[J]. Journal of Computational Physics，2008，227（7）：3465-3485.

[69] 伯鑫. CALPUFF 模型技术方法与应用[M]. 北京：中国环境出版社，2016：23-35.

[70] 王栋成，王勃，王磊，等. 复杂地形大气扩散模式在环境影响评价中的应用[J]. 环境工程，2010，28（6）：89-93.

[71] 舒璐，关勖，祝禄祺，等. AERMOD 和 CALPUFF 干沉降在复杂地形下模拟结果的对比研究[J]. 环境科学与管理，2019，44（1）：19-24.

[72] Tartakovsky D，Stern E，Broday D M. Comparison of dry deposition estimates of AERMOD and CALPUFF from area sources in flat terrain[J]. Atmospheric Environment，2016，142：430-432.

[73] 史梦雪，伯鑫，田飞，等. 基于不同空气质量模型的二噁英沉降效果研究[J]. 中国环境科学，2020，40（1）：24-30.

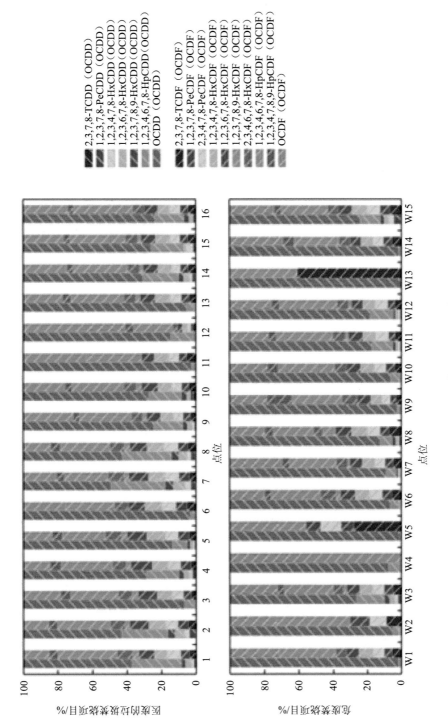

图 7-6 土壤中二噁英监测成分分析

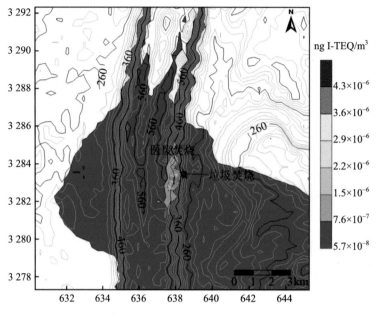

（a）AERMOD 模拟结果

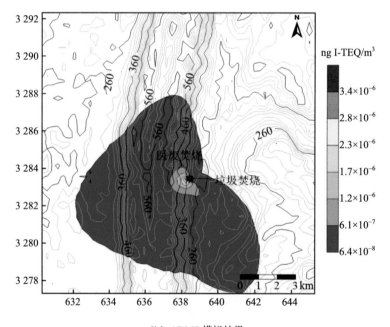

（b）ADMS 模拟结果

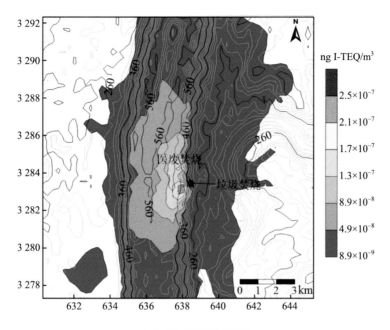

（c）CALPUFF 模拟结果

图 7-9　项目周边空气中二噁英的模拟扩散情况

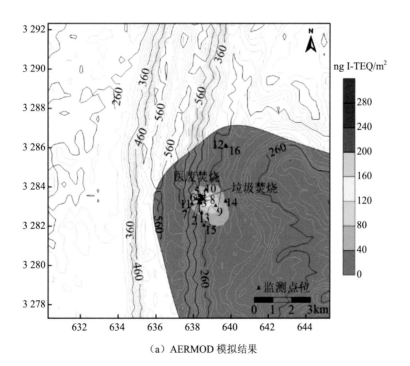

（a）AERMOD 模拟结果

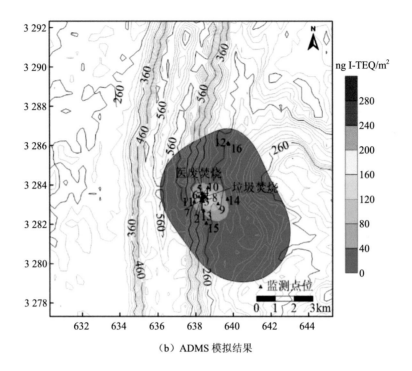

（b）ADMS 模拟结果

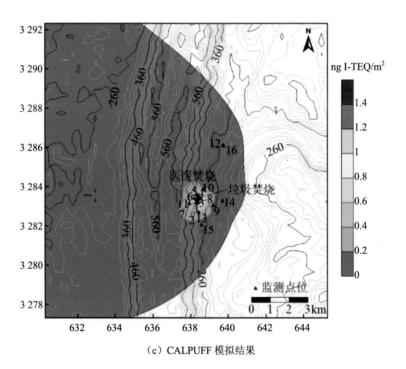

（c）CALPUFF 模拟结果

图 7-10　监测点位二噁英土壤模拟沉降情况